大是文化

好公司都在找壞小孩

全球最大人力資源公司領導者輪廓調查。
居要職、領高薪，好個性是標配，
更要具備「壞小孩」特質。

世界は悪ガキを求めている

任職世界最大獵頭公司光輝國際 30 年、
經手件數超過四百人
妹尾輝男／著　**黃怡菁**／譯

CONTENTS

推薦序

壞小孩如何自主創新？

作家／王昀燕

一拿到書稿，我不由分說翻到最末「壞小孩的二十七項特徵」，逐一比對自己是否吻合。相較於傳統派的乖乖牌，「壞小孩」擁抱成長型心態（growth mindset），相信世界不斷變化，個人亦當與時俱進。

千禧年之後，數位新浪潮來襲，敢於冒險、熱情討喜的壞小孩們紛紛躍上世界舞臺，而妹尾輝男撰述《好公司都在找壞小孩》的當下，人類面對ＡＩ強勢崛起，危機意識跟著水漲船高，作為活躍於第一線長達三十年的國際獵頭，妹尾輝男鞭辟入裡的觀察，格外具有參考價值。

書中列舉諸多具備壞小孩特徵的企業領袖，包括樂天創辦人兼執行長三木谷浩史、入口網站 Livedoor 的前總經理崛江貴文、資生堂總裁魚谷雅彥等，那麼，妹尾輝男自身算不算是一個壞小孩呢？因老家離海岸不過幾分鐘路程，兒時經常眺望大海的他，早已在心中埋下探索世界的想望。大學畢業，他未遵循主流路徑進入日本大公司，反而想方設法出國工作，最終覓得在倫敦的石油產品貿易公司工作的機會。之後數年間，他精進英文、取得史丹佛大學（Stanford University）MBA、進入貝恩策略顧問公司（Bain & Company），而後出於對搜尋人才的熱情，轉職進入曾被《富比士》（*Forbes*）評為高管搜尋行業CEO效率排名第一的獵頭公司光輝國際（Korn Ferry）。他雖未明言，但懂得另闢蹊徑的他，自然也是壞小孩的成員之一。

壞小孩的顯著特徵之一是不怕打掉重練，他們不自滿於既有的成功經驗，期待藉由「自主創新」（self-innovation）為自己打開不同的視野。這番蛻變、革新的過程，多半由熱情驅動。

這幾年，我也不惜把自己打掉重練，因此感觸特別深。研究所畢業後的第一個十年，我深耕藝文領域，主要從事採訪寫作、媒體公關等職。其後我萌生轉戰金融領域的念頭，不久便被美商保險公司挖角，幾經拉鋸，終突破心防投入保險業務工作；兩、三年後，我開設文青理財專欄，以深入淺出的方式，談述個人理財、投資心理學等被許多文青視為畏途的人生課題，成功引導一些原本對此抱持抗拒、觀望態度的讀者，進入投資理財的領域。

今年年初，一位國際獵頭找上我，她所任職的獵頭公司總部設於倫敦，經由她的媒合，我順利拿到一個知名全球支付科技公司的專案工作，負責各式文案寫作。這趟冒險旅途驚險刺激，截至目前創造的成績更是我始料未及。無疑的，我希望自己也稱得上是一個壞小孩。

妹尾輝男以「充滿熱血的領導者」為目標，這份熱忱亦充盈於本書字裡行間，無論你是有志翻新自我或提升領導力，皆能從中獲得啟迪。

前言

我在全球最大獵才公司學到的識人術

我叫妹尾輝男。在職場上，大家會叫我「TERRY 桑」。聽起來有點像藝人的藝名，我也有些害羞，但這是有原因的。

我任職於光輝國際股份有限公司，是一個大型外商企業；在外商企業，彼此不問上下關係，大家都會直接叫對方的名字甚至使用暱稱。

光輝國際股份有限公司，是全世界最大的人力資源公司，也可以說是世界知名的獵人頭公司，名氣相當響亮。不過，光輝國際所負責的業務可不是只有獵人頭，而是涵蓋了人力資源整合、仲介、各種人才管理與諮詢等多項服務。在人力資源的領域中，**其事業規模堪稱是世界最大也不為過**。

光輝國際在全世界五十三個國家的主要都市，共設置了一百一十間辦事處及分公司；旗下共有八千三百名員工。我直到二〇二〇年為止，擔任了光輝國際日本法人的社長及會長職務，目前則是以特別顧問的身分，持續提供服務。

容我再進一步說明，所謂的獵人頭是一般俗稱，正式名稱應該是「人才搜尋」（Executive Search）。由於一般大眾都已經非常熟悉「獵人頭」、「獵頭公司」這類俗稱，本書為了讓內容更貼近讀者，也會使用。

獵頭公司的獵人們，最重要的任務就是找尋人才、招聘、媒合。於個人層面，他們必須讓每位人才的專業得到最好的發揮，並確保每個人選擇職業的自由；於社會層面，他們也致力促進人才、人力資源的流動。他們在社會上扮演著非常重要的角色，特別是考慮到未來的發展，專業獵人絕對是不可或缺的存在。

我們這群獵頭顧問的目標對象，幾乎都有經營企業，或開發事業經驗的商務人才。**接受我們招聘而來的人們，他們之後所任職的職位年薪普遍都在三、四千萬日圓**（按：本書日圓兌新臺幣之匯率，依臺灣銀行二〇二三年三月公告均價〇・二二元計算，約新臺幣六百萬至八百萬元）**以上**。

你會覺得企業給這樣的年薪太高了嗎？一點也不。只要**付出四千萬年薪，就可**

以僱用足以創造數億，甚至數十億日圓營收的人才，根本就是**物超所值**。

實際上，我的公司在這十年間，至少經手了八百件以上企業高階主管的獵頭招聘。我們的工作基本上都在檯面下（幕後）進行，並不引人注目。但是，我們暗中活躍的舞臺可能會讓很多人大吃一驚。例如，會被《日本經濟新聞》列為頭條的重要企業，其總裁大位輪替，或是經營幹部人事異動等，其背後都有獵頭公司參與。

我從事這行超過三十年了。在我職涯的最後十年，擔任了旗下擁有一百五十名員工的日本法人社長及會長職務，同時也持續獵才的工作。我認為這就是我的能量與力量的來源。

雖不敢說達到至善完美的境界，但多年來我培養了洞察人才的眼光，並找出優秀人才協助我的客戶獲得更好的發展。我以此為目標，不停鍛鍊自己、研究、勇於提案。

讀到這裡，或許你會覺得我又要自賣自誇當年勇了，其實不是，我要說的其實是我過去的失敗經驗。

進入二十一世紀之後，我腦中理想的經營者輪廓開始與現實出現落差。

原本我所想的經營者輪廓，應該是頭腦清晰、勤勉、才學兼備又品德高尚的人物，最典型的例子像松下電器（Panasonic）創辦人松下幸之助、索尼（SONY）創辦人盛田昭夫、豐田汽車創辦人豐田喜一郎、日本企業家稻盛和夫等。

然而近年來，反而是與上述完全相反類型的人才，在事業上獲得了巨大的成功。例如，谷歌（Google）創辦人之一賴瑞・佩吉（Larry Page）、蘋果（Apple）創辦人史蒂夫・賈伯斯（Steve Jobs）、Meta 創辦人馬克・祖克柏（Mark Zuckerberg）、亞馬遜（Amazon）創辦人傑夫・貝佐斯（Jeff Bezos）、微軟創辦人比爾・蓋茲（Bill Gates）；還有，特斯拉（Tesla）創辦人伊隆・馬斯克（Elon Musk）。

若要舉日本的例子，則有軟銀集團（SoftBank Group）創辦人孫正義、入口網站 Livedoor 的前總經理堀江貴文、優衣庫（UNIQLO）創辦人柳井正、日本企業家原田泳幸、日本企業家前澤友作。

剛開始，我認為這些人的成功只是暫時的，但出乎我預料，這股風潮至今仍持續發酵中。這些新時代成功人士給我的印象是，他們會全力追求自己喜歡的東西，必要時即便打破現有規則也在所不惜。

他們的服裝與髮型通常隨興至極，就算成了別人眼中的怪咖，也毫不在意。**以傳統的角度來看，他們正是所謂的「壞小孩」**；然而這樣的他們，卻創造了莫大的成功事業，對於傳統派人士來說，應該會覺得他們很礙眼。

坦白說，我也不知道該怎麼解釋這種現象，我曾經認為這些人只不過剛好成為社會注目的焦點，所以才成功，但事實證明並非如此。

我眼睜睜看著這股趨勢崛起得越來越快，好幾次我都忍不住在心裡焦慮大喊：「這到底是怎麼回事！」然而更恐怖的是，我發現自己看人的標準，在不知不覺中已經與社會脫節。

我不禁想，莫非現在的我已經看不清社會變遷了？若真是如此，我有可能無法為企業找到最佳人才，這個想法讓我信心盡失。儘管我依舊可以順利完成工作，但內心越來越不踏實，甚至還認真考慮乾脆趁現在見好就收、趕快退休算了。

世界公認新一流人才的條件

某一天，我突然覺得不能再這樣下去了，於是我抱著舍我其誰的覺悟，親自請教企業經營者及光輝國際旗下各國的同事：最符合當代、最新的領導者輪廓究竟是什麼模樣，我還閱讀了大量書籍資料，拚命認真研究。

隨著時間推移，我才終於了解為什麼在這個世代、這樣的人才可以成功，以及為什麼現代社會需要這樣的人物。最後，我重新找回了識人的自信，也更有信心可以再度投入工作。

我撰寫本書的目的，就是要把我的研究結果：最符合時代潮流的領導者輪廓，以及世界公認最新的一流人才的條件，傳達給大眾。另外，本書並不會只陳述理論，我會列舉古今許多成功人士，進一步說明**何謂全世界都想要的壞小孩**。

這些成功的壞小孩們都擁有獨特的個性，他們的思想與行動，雖然不能都給予肯定或正面評價。但壞小孩不就是這樣嗎？如果他的所作所為完全不會引人爭議，那就不叫壞小孩。

要找出一個人的缺點並指責很容易，但我希望透過本書，可以幫助大家在評論壞小孩時，也能找出他們與眾不同的地方，真正去了解他們為什麼得以成功。若各位在讀了本書後，對於新時代的領導者輪廓能產生一些想法，進而採取行動、試圖改變，將會是我的榮幸。

序章

乖乖牌很難分到一杯羹，現在是贏家全拿的時代

試想一下，如果下述這類型的人突然成為你的主管，你會有什麼感想？

- 言行舉止沒有脈絡可言，經常想幹麼就幹麼。
- 腦中想到一個結果就採取行動，完全不考慮中途會遇到的問題。
- 無法有邏輯的表達自己想做的事。
- 政策隨著狀況不停變動、調整。
- 總是為周圍的人帶來驚喜（驚嚇）。
- 做事衝動。

若是你身邊有這樣的人，應該老是被他們耍得團團轉吧？「絕對不想要這種主管」，你會這麼想一點都不奇怪，換作是我，我也這麼覺得。

但是，誠如我在前言所提到，這類型的經營者幾乎都能做出成果、創造驚人佳績。當然，我絕對不是說只要你也成為這類型的人，就一定能成功。我想要表達的是，那些成功經營者大都有這種傾向，千萬不要誤會。

傳統領導者很好，但無法面對變局

當這類人成為你的主管時，也不必太快覺得未來肯定一片黑暗。如果你為此感到非常興奮的話，恭喜你，你準確抓住了新時代的領導者形象，你一定可以乘上新浪潮。不過，多數人應該還是不希望在這樣的人底下做事。一般人所追求的領導者形象，應該是：

- 做事講究順序，思考有條不紊。
- 可以給出正確解答。
- 按照計畫與安排行事。
- 顧慮周圍人士的心情，絕不會令他人難堪。
- 冷靜沉著。
- 品德高尚，深受部屬尊敬。

在以前，多虧擁有以上特質的領導者們，才開創了那個時代的商業榮景。但那個時代已經過去了，這類形象也早已過時。

恕我再重複說一次，現在全世界所崇尚的新時代領導者，是我在前言裡所提到、擁有壞小孩特質的人。

當然，若問我是否能在這類型的主管底下快樂工作，我也無法輕易點頭。主管與部屬能合得來已是萬幸，但更多時候彼此根本合不來，結果徒增壓力，有時甚至還會在情感上互相對立。

但是，對每一個認真打拚事業的人來說，每天要面對許多現實難題，例如：事業的發展或衰退、公司賺錢或虧損，說得嚴重一點，這已經是攸關生死的重大議題了。

環境變化快，跟不上的只能等淘汰

這個世界所追求的領導者形象，為何會演變成如此？這是因為現代社會，已經進入到一個無法預測、激烈變化的時代了。

看到我這樣寫，應該有人會不以為然的說：「又來了，再來八成就是要提出達爾文（Charles Darwin）的物競天擇論，說針對目前的社會現狀，無法適應的人就會被時代淘汰而滅亡之類的吧！」

商業模式的轉變、人口動態的改變、科技的進步與變化、環境變動等諸多變因，導致整體大環境每分每秒都可能產生巨變；跟不上腳步、無法適應的組織或領導者，很快就會被淘汰……這些陳腔濫調相信很多人已經聽到耳朵長繭。儘管如此，我還是必須強調，我們現在所處的世界，已經進入了前所未有的激烈巨變之中，因此，我們必須抱持著懷疑的眼光，看待我們至今為止的所有常識。

農業革命讓人類從狩獵採集生活，進化成可以靠自己的智慧與力量來控制與生產食物；工業革命讓原本的小規模手工業，進化成近代的大規模產業；資訊革命催生出資訊網路等現代數位科技。時至今日，我們正面對的是未知的第四波革命。

過去兩到三百年間才演變而成的事物，在未來的數年，甚至數個月就會產生天翻地覆的大改變。我以人類史上的第三波革命——資訊革命為例，因為數位科技飛躍性進步，讓笨重又巨大卻擁有超強處理功能的超級電腦，化身成輕便好攜帶，又能聯絡的智慧型手機，更不用說如今的智慧型手機已經徹底融入我們的日常，大大改變了人類的生活模式。

再比如音樂，以前我們要聽音樂，必須使用收音機、錄音帶、CD等媒介。一九七九年，索尼的劃時代發明——隨身聽誕生，人們就算在外面，也能隨時享受音樂。

自那之後過了四十年。目前訂閱制的音樂串流平臺服務成了主流。音樂不再是獨自擁有的形式，CD或收音機也不再是聽音樂時的必備品。只要有手機，隨時都可以享受串流平臺提供的音樂服務。比起擁有，更重視利用，這種嶄新的概念，更加看重用戶體驗。

沒有第二名了，這是贏家全拿的時代

對於後來才出生的人來說，他們覺得這樣的轉變很正常，「這有什麼好說嘴的？」、「不是本來就這樣嗎？」只是，這些都屬於「後見之明」。

後見之明無法創造任何東西，最多只能分析。但分析這件事，交給學者們去處理就好，我們做的是盡可能預測未來，如果失準，人們頂多認為你是在跟風起舞，但成真了，將有可能帶領眾人邁向成功，迎來豐厚成果。

智慧型手機問世之前與之後，你曾經預測過它對你的現狀，造成了多大的影響與改變嗎？接下來還會有什麼樣的變化？你發現徵兆了嗎？又或者，你是否做好準備，靠自己的雙手來引領這股轉變？如果你是企業經營者或高階主管，這將是攸關企業存亡的重大事項。

你或許會想：「能做到這種程度的話，根本是創舉了！哪有那麼容易，不可能啦！」但是，現在正是一個「贏家全拿」（Winner takes all）的時代，能完成那些創舉的人正統籌著一切。實際上，以GAFAM（按：指谷歌、亞馬遜、臉書、蘋果、微軟）為首的科技巨擘們，就是這樣成為美國的資訊產業巨頭。

在第四波革命之下，全世界正在等待能再度完成創舉的新領導者，就像當初智慧型手機改變了世界一般，下一個改變世界的又會是什麼？未來的我們又該如何去適應？

你說：「一般人不可能做得到啦。」但你根本沒有時間、也沒有理由說這種話當藉口了。我希望各位轉變心態，不要只會期待某個橫空出世的人站出來扛起一切，而是要想：「如果都沒有人想要改變，那就從我開始！」擁有這種心態，正是你成為壞小孩型領導者的第一步。

誰是人才爭奪戰中的搶手目標

全世界所尋求的壞小孩型領導者，他們具備什麼樣的能力或特質？

我所任職的光輝國際在美國總公司有一個搜尋部門，專門針對人力資源、組織方面進行大數據調查研究，而該部門的「激烈動盪時期所需要的領導者輪廓」全球調查報告，成了一份非常有意思的參考資料。該調查報告的結果如圖一（第三十頁）所示。

縱軸代表擁有此能力人數的多寡，越往上代表這類人越少見，越往下則表示那是誰都能學會的一般能力；橫軸代表能力培育的困難度，越往右代表很難培育該能力，越往左則相對容易培養。結論就是，越往右上的區域代表有該能力的人數少、培育該能力也越困難。

希望各位能將焦點放在右上區域的那些能力，諸如：宏觀全球視角、能應付各種狀況的高適應力、帶領推動創新、擁有應變的勇氣、尊重多元性、朝目標及願景穩健前進。

這些能力，幾乎都與面對變化、引領改變有高度密切的關係。事實上，具備這些能力的人才少之又少，就算刻意訓練，也很難有像樣的成果。在人力資源市場，這些人是企業首要爭奪的目標，更是獵頭絕不可錯過的好貨。

在人才之戰中被列為首要目標的這些人才，他們所具備的能力與特質，完全符合我先前所敘述的壞小孩型領導者。他們的共同點是擅長領導創新，而非執行業務，面對激烈變化的時局，他們反而能變得更強大。

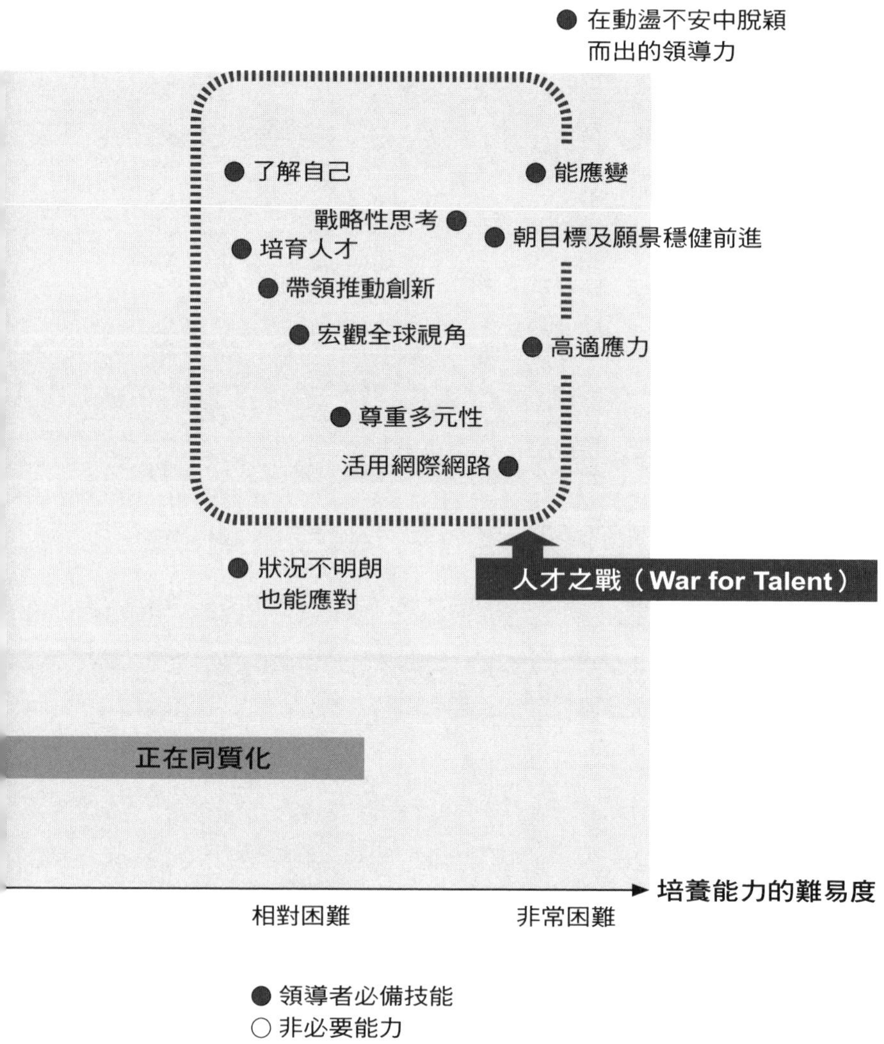
在動盪不安中脫穎
而出的領導力
了解自己
能應變
戰略性思考
朝目標及願景穩健前進
培育人才
帶領推動創新
宏觀全球視角
高適應力
尊重多元性
活用網際網路
狀況不明朗
也能應對
人才之戰（War for Talent）
正在同質化
培養能力的難易度
相對困難
非常困難
領導者必備技能
非必要能力

圖 1　全球新創產業人才分析調查報告

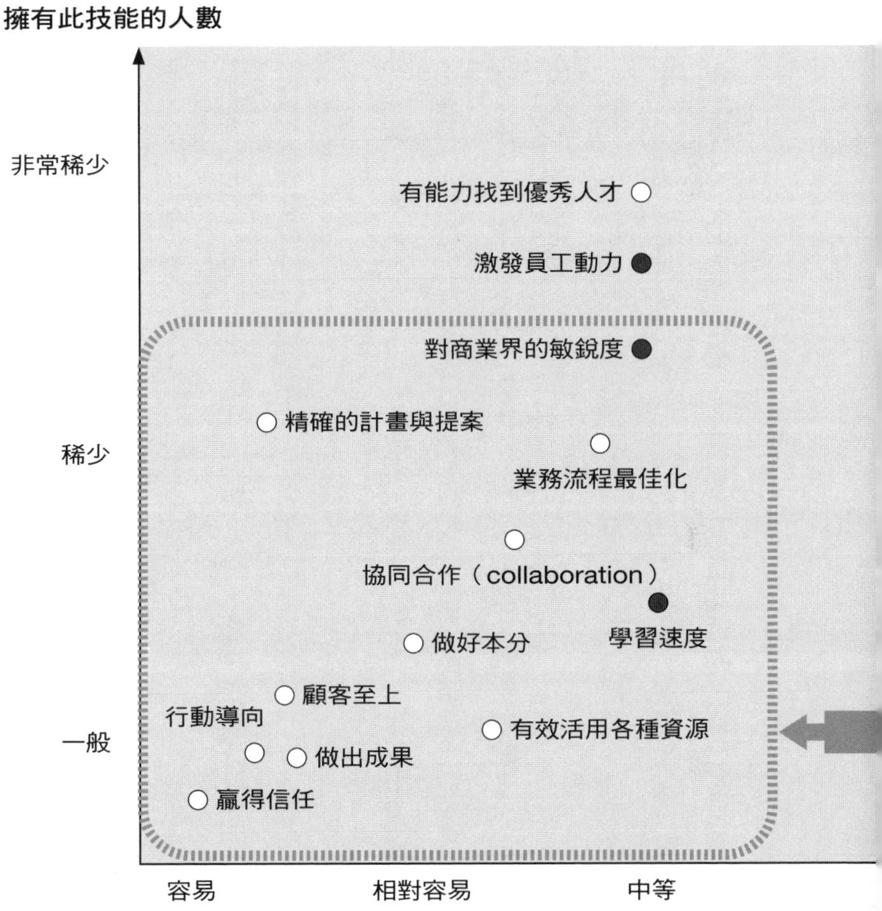

出處：光輝國際研究所（Korn Ferry Institute）。

以前有這些能力就超棒，現在成標配

另一方面，我也希望大家看看左下區域的能力。

贏得信任、做出成果、履行職責、協同合作、精確的計畫與提案等，這些都是執行業務所需要的能力。可以每天做好工作的人，不論在哪個時代都很重要。然而也因如此，這些能力在現代，已經是人人皆有，甚至可說是變成了社會人士的基本標配。

亞洲企業長年以來都將左下區域的族群當成人才至寶，管理階層發出指示與命令，部屬完全遵守並執行，但是，這種和諧秩序，在這個時代已經逐漸崩毀。任何組織當中，一定都會有個性認真但從不積極主動出擊的人，這類型的人遲早會成為組織內的瀕危物種。

激烈變化時代所尋求的人才，他們不會遵循前例或被既有規範束縛；他們只會採取最有效率、最適合當下的做法並以超高行動力執行。說得極端一點，**這類型的人絲毫不介意拋棄過去的成功經驗，他們甚至不厭其煩的將自己打掉重練，只為追**

求更大的成功。例如伊隆・馬斯克，就是人才之戰中最搶手的目標。

稍微跳題一下，壞小孩型領導者典型代表——谷歌執行長桑達・皮采（Sundar Pichai），他是印度裔美國人，經常有人評論他因為出生於印度，才擁有優秀數理天分，故才能創造這麼高的成就，但我認為這並不是唯一的原因。

在印度，印度教擁有最多信徒，其所信奉的三大主神之一——溼婆，祂象徵著毀滅與重生，也代表印度教的宗教世界觀：不破不立，意即「唯有毀滅殆盡之後，才能重生」。儘管這只是我個人的見解，我認為或許是因為這樣的成長環境，才造就了皮采擁有如此不凡的思維，讓他不排斥將自己打掉重練，還能從中獲得更強大的力量。

這群「壞小孩」即將成為你的上司

讀到這裡，如果各位開始對壞小孩類型的特質產生共鳴，我建議你可以以成為領導者為目標，好好培養這些特質與能力，女性讀者也不例外，就我的經驗而言，女性中也有許多壞小孩型領導者。一個不會拘泥於面子、不官腔官調，用真心帶領團隊前進的女性領導者，對組織來說非常有價值。

有些讀者可能認為自己根本不具備相關特質而感到失望；但並非所有人都必須以此為目標。基本上，如果組織中的每一個成員都是壞小孩，反而才會出問題。倘若每個人都我行我素，彼此無法配合的話，最後整個團隊只會陷入泥淖、無法有所作為。

在一個組織當中，這類特質的人太多太少都不是好現象。我認為最理想的占比極限約為二〇%，在這樣的比例下，他們所帶來的正面影響將大於負面影響。

若是各位覺得自己各方面都不屬於壞小孩特質，我建議你務必要精進業務能力與協調力，並充分運用這些技能，為壞小孩類型領導者打圓場，成為組織中的潤滑劑。以壞小孩領導者為主的組織，內部往往容易起衝突，此時若你可以協助調停，你將會給予團隊非常大的穩定及彈性。

只不過，有一項重點千萬要注意。儘管**你不必勉強自己硬要成為壞小孩，但你必須試著去理解他們的思維、個性及特質**，因為在劇變的時代，這類型領導者的影響力會有多深、多廣，都將超出你的想像。比如，某一天突然來了一個壞小孩成為你的頂頭主管；又或者公司經過併購，所有高層主管通通變成了這類型的人。

我在序章所假設的情境並非完全虛構，它很有可能實現。正因為如此，去理解他們的思維、行為模式很重要。當你越理解他們，你就越能替他們打圓場、顧前顧後，甚至引導他們更順利發揮出能力。如此一來，你將會成為他們不可或缺的助力，他們也會給予你更高、更好的評價，你也能獲得更多的資源及機會。

認為自己是壞小孩也好，或者覺得自己適合追隨他們也罷，不論你是哪一種，你都應該認真去了解、掌握他們擁有什麼樣的思考方式及行為模式。

壞小孩型領導者的九項特質

接下來我將列出他們所具備的九項特徵：

1. 比起過得安穩，更樂於迎接各種變化。

2. 做事不會瞻前顧後、猶豫不決，願意跟隨潮流行事。
3. 討厭穩定，勇於挑戰風險。
4. 表面看起來浮躁，但內心充滿熱情。
5. 有時不合群，喜歡一個人幹。
6. 有啥說啥，不會特意說好話。
7. 眼光放眼全世界、樂於吸收新知。
8. 擁有自己的一套處事哲學，不易被他人左右。
9. 討厭他的人不少，但喜歡他的人更多。

深入了解壞小孩的思維與特質，藉此在嚴苛環境中脫穎而出、強化自己的生存能力，甚至進一步去幫助夥伴，如此就會成為處世的最強武器。

在接下來的章節，我將針對這類型的特徵，逐一做進一步的說明。

第 1 章

當改變成為常態，安穩反而最不穩

佛教當中有「三法印」的說法，意指諸行無常、諸法無我、涅槃寂靜。其中諸行無常的意思是：人世間的一切都因著因緣有起有落、有生有滅；世間萬物並非永恆不變，而是全都處在一個變化無常的狀態。其實仔細想想，就會明白這是再當然不過的道理。

一個人誕生於世，享受並歌頌人生，最後死去。在人的一生中，存在著各種悲歡離合、喜怒哀樂，這很自然。而且不只是人的一生充滿變化無常，社會也一樣。

傳統桌上型電話已經逐漸被智慧型手機取代；串流媒體取代了CD；以前是去出租店租一卷錄影帶回家欣賞一部電影，現在只要利用影音平臺就能想看多少就看多少。

與海外企業往來時，過去是依賴電話、傳真，後來改為使用電子郵件，如今則進化成線上會議。遲早有一天，你在世界的任何角落，都能靠著虛擬實境（VR）技術，看著對方的立體影像開會。

但問題來了，人的內心是會想追求恆久不變的事物、渴望安穩，也因此，人們會下意識無視那些日常生活中的變化，例如大環境的變遷、人際關係、社交往來的改變等。

疫後大未來，危機意識越來越重要

你也是不歡迎改變的人嗎？

某天我一覺醒來，突然看到新聞報導說，載了數百名乘客及船務員的豪華郵輪「鑽石公主號」停靠在橫濱港，且郵輪上的人都感染了新冠肺炎，所有媒體都大力報導這則新聞，日本社會也一度陷入恐慌。在那之後，新冠肺炎就成了現在人們口中最常提到的話題。

先暫且不提在這場大災難之中，相關人士們的見解或行動。我想要點出的問題是：當你透過新聞媒體得知這個消息之後，你在想什麼？實際上又採取了什麼行動？

是否有去蒐集相關情報，並假設各種可能發生的情況？是否有思考過自己能為家人、重要的對象甚至是任職的公司、團隊、同事們做些什麼？你有沒有絞盡腦汁思考？而面對當前已經發生的狀況，你又做了什麼準備？你是否覺得要準備好多東西、嫌麻煩？還是，你面對於這前所未見的全球災難，腦袋停止思考了呢？

二〇二〇年四月，日本政府發布了緊急事態宣言（按：指國家陷入或即將陷入危機，有可能影響國家發展及存亡，由國家元首使出超過平常法治範圍的特別措施；已於二〇二一年九月底全面解除）。許多公司都藉著這個契機，大規模實施在家工作。

事實上，也有不少家公司在更早之前就採取遠端作業。例如GMO網際網路（GMO Internet Group, Inc.），他們早在二〇二〇年一月二十七日就開始採取遠端作業，讓員工居家上班。這可是鑽石公主號發生感染確診的五天前。

你是否擁有與該公司執行長熊谷正壽同樣的危機意識？

新冠肺炎所帶來的衝擊非常之大，儘管每個人狀況不一樣，無法一概而論，但是保持危機意識、預測可能發生的風險，並加以思考應變方法，才能幫助你在這個社會生存下去，還可以進一步去拯救你身邊的人。

ＡＩ崛起，哪些工作不一樣？

「只要撐到疫情結束，就可以安心了！」我想有不少人都這麼想吧，大錯特錯。現實的大環境，尤其在商業界，已經掀起了巨大的改變浪潮，當中更是充滿了未知的不確定因素，那個浪潮就是ＡＩ革命。

ＡＩ，也就是人工智能，它將會接掌越來越多人類的工作，這已經是顯而易見的趨勢，甚至就連原本被認為是高知識分子才能從事的職業，例如醫師、律師等，也將漸漸被ＡＩ取代。

這對我來說是非常切身的議題。

恕我稍微提一下私事，我家長女及次子都是醫師。他們才三十歲左右，還是很青澀、待磨練的年輕醫師，而他們的未來已經注定要面對這股難以招架的ＡＩ浪潮。或許剛開始大家會覺得沒什麼大不了，但這股浪潮會在不知不覺中越變越強大，若是不能及早採取應對措施，最後將無力抵擋而被吞沒。

臨床醫師的主要工作是面對患者、與患者對話，透過問診等方式去了解病徵，再將檢查結果和其他數據資料進行比對，進而確定疾病名稱並施予適當治療。

但是，這在不久的將來將會被ＡＩ取代。它可以連結更多的數據資料（可以說是更博學），並進行更加縝密的邏輯演算。此外，它的速度比人類快上太多太多，這樣看來，被ＡＩ取代也是無可奈何之事。

順帶一提，我的大兒子是一名物理治療師，他的工作是幫助患者復健。ＡＩ要接手這類治癒患者身心的工作，可能還需要一點時間。同樣道理，必須與患者面對面、靈活應付患者需求的護理師工作也不會太快被取代。

另一方面，律師的業務也被列入「容易被ＡＩ取代」的分類之中。ＡＩ能精準判讀案件內容，將其條件與過往司法判例進行對比，找出最適用的法條並做出最佳結論，這些智力作業通常是ＡＩ最擅長的領域。

從這個角度來思考，我們可以發現未來在找工作時，再也不能直線思考，你必須先設想可能會發生的變動，並客觀思考怎麼應對。

即便ＡＩ變得普及，時代劇變仍不會停止，顛覆我們既有常識的嶄新技術正接二連三不斷萌芽。

各位有聽過「ＩｏＢ」（Internet of Bodies）嗎？我可不是在說ＩｏＴ（Internet of Thing），意即將所有事物都連結到互聯網上的物聯網；現代已經是可以將網路連結至人體的ＩｏＢ時代了，也就是身聯網。

例如戴在身上的 Apple Watch、植入人體內部的醫療儀器等，這領域的發展越來越進步，未來還可望進化成為連結人類大腦的溼體（wetware），指的是與有血的活腦進行連結，這樣的技術，說不定將會創造出可以連續戰鬥二十四小時的超級士兵，又或者發展出超乎我們想像的超級事業。

為了避免受到過度發達的ＡＩ影響，人類出於自保，也必須將專用的ＡＩ設備植入大腦，這件事在未來說不定會成為社會公認的默契。

這些前所未有的變化，將會在日後一個接一個問世。我們必須從根本開始、徹底重新檢視我們既有的人生觀。

當你可以根據自己的財力及思維決定壽命時，你會做出什麼樣的選擇？正因如此，所以絕不能小覷新冠肺炎所帶來的影響和變化，甚至接下來或許還會有更巨大的變動。

你得比常人更早察覺變化

新一代的領導者，他們對時代劇變的徵兆特別敏感，能及早察覺、預測未來趨勢，並思考應對方法。

實務方面做得很好、很有人望、受大家歡迎，這些已經不是新時代領導者的首要條件。在現代，身為領導者最需要具備的特質為：預測未來走向並及早思考應對方式。

摩西（Moses）率領以色列人逃出埃及；坂本龍馬看出了時局變化，提出了《船中八策》（按：新的國家體制的基本方針）；貝佐斯為了迎接網路時代，將所有商業資源集中投注在網路電商；豐田汽車對交通工具的燃料種類，抱持著多元開放的態度，不論是石油、電力、氫能等，全納入旗下的開發計畫選項。未來領導者所需要具備的，就是這種勇於下賭注的決策力。

當然，像新冠肺炎這種災禍確實沒那麼簡單就能預測，我甚至不認為這種全球性的疫情是可預料之事。最核心關鍵還是在於面對這種狀況時，能預想接下來的發展，並思考下一步該怎麼走。

我在光輝國際累積了三十年以上的資歷，以及領導能力顧問諮詢的經驗，在這段期間，我見過非常多跨國大企業的高階經營幹部。誠如我在前言所提到，這些人才特質在這幾年產生了巨大變化。

當今**國際級大企業高階主管們的共同點**，就是能**比常人更早察覺變化的徵兆**，以高度的洞察力，觀察局勢轉變的跡象。因此，他們理所當然的認為，時代與大環境的變化將持續下去；只要他們抓到了先機的片鱗半爪，就會毫不猶豫的採取行動，協調性、紳士風範、高尚品德則成了次要條件。在這樣的情況下，擁有壞小孩特質的領導者將會越來越多，因為他們深知這世界所有萬物，都會不斷改變。

當其他人拘泥前例，就是你的好時機

在現代能脫穎而出的領導者，不但不害怕一波又一波的劇變浪潮，反而很樂在其中。

有位任職外商企業社長的傑出人士，當初是由光輝國際挖掘，直到現在，他都還與我保持往來，暫且稱呼他為S吧。S從大型日本企業，跳到外資企業後大展身手，獲得大成功。

S應屆畢業後，就進入在東京證券所第一部上市股票的一間大企業，對工作也沒有任何不滿的地方。但是某一天，他心中突然產生了疑問：「就這樣一直待在這間公司好嗎？」他覺得自己想要挑戰更多，能有更多磨練，不願意自己與社會脫節，最終目標是想創造屬於自己的棲身之處。為此，他一直在默默的等待機會。

就在這時，公司開始執行一項制度：派遣員工赴美研習MBA課程。

儘管S對於學業方面不太自信，但當時MBA的名氣還不響亮，在企業之間的知名度還算低，S心想：「應該不會有太多對手要來跟我競爭名額，這次就是我的機會！」他立刻報名，最後也順利獲得赴美研習MBA的大好良機。

「先試了再說！」這股動力與經驗，對他之後的人生，起了很大的影響。

S取得MBA後，當公司出現派遣至海外工作的機會時，他也很積極舉手表達意願、努力爭取。

他在海外親身體驗到當地商業環境競爭激烈，開始擔心向來不積極改變的日本企業。儘管S再三與日本總公司聯繫，高層們也完全無法理解這些變化會對企業帶來多大影響，漸漸的，他也心累麻木了。

後來，S有了第二次去海外的機會，到了當地後，當時與他公司有業務往來的一家歐洲企業，向他提出跳槽邀請，他也欣然接受了。S在歐洲總公司任職了數年後，總公司任命他擔任日本分公司的社長，自此之後，S持續出任了多家外資企業的日本社長職務。

你該謹慎，但不要害怕風險

有些人認為，單方面提出辭呈、離開一家非常照顧自己的公司有違職業道德，但我認為不能一概而論，畢竟有太多公司不明白配合社會進行改革有多重要。

相較於多數人總是被動接受人事異動，S反而主動追求改變的機會，不只挑戰海外留學，還積極前往國外赴任，再加上之後他在外資企業的種種活躍事蹟，他的人生可以說是壞小孩型領導者的標準範例。他的思維與行為模式，完全符合這個特質：不拘泥於過往前例與規範，總是預測未來局勢變化，再依據當下狀況做出最佳選擇，並立刻付諸行動。

舊時代領導者完全不靠這套。他們總是謹慎、謹慎、再謹慎，眼前明明是堅固的石橋，他們卻還是對著橋面東敲西敲，遲遲不敢過去。提到海外留學、海外赴任，他們反而會拚命找理由來拒絕，堅持自己做不到。例如，「初次留學就要挑戰MBA，感覺風險太大，我想多觀察一陣子再說」、「負責國外事業感覺責任太重了，萬一失敗的話，對我的職涯很扣分吧？我不想承擔這麼大的風險」等。

不能否認，有時候的確需要謹慎行事，但是，身處在激烈變化的時代，不擁抱風險，反而成了最大的危險。第一步，就先改變自己的思維與心態吧。

油輪剛抵達科威特，我立刻被拘留

在此想和大家分享一下我的故事。

大學畢業前夕，其他同學都在忙著和各家公司面談、為了拿到工作卯足全力做準備，我卻只想專心摸索有什麼管道可以讓我去國外就職。

當時的社會主流是：「乘著這波高度經濟成長期的浪潮，只要能進入好大學，畢業後再進入好公司，往後就會像搭電梯一般順暢，過上幸福人生！」但我總覺得自己和這股潮流格格不入，不是很願意接受。

我在湘南地區長大（按：為日本神奈川縣內的一個地區），住處距離海邊只需要一至兩分鐘路程。直到我小學二年級搬到都市前，我每天都會去看海，當時很憧憬大海另一端的世界。

進入青春期，我對海外的憧憬越發強烈。當時，披頭四樂團（The Beatles）的出現，讓全世界的年輕人陷入狂熱；另一方面，美國向年輕人徵兵加入越南戰爭，戰事卻陷入泥淖。我在念大學時，有位來自越南的留學生跟我上同樣的研討課，透過他的故事，我彷彿看見了那超乎我想像的戰爭世界的現實樣貌。

「這個世界就像個大漩渦般不停轉動，我卻窩在這安穩社會裡面，這樣真的好嗎？」這個想法開始在我心中萌芽，我暗暗在心中發誓：「就算冒險犯難也沒關係！我要去遠方，親眼看看這個世界！」於是我透過親戚的關係，最後決定去一家位於倫敦的國際級企業石油製品貿易公司就職。

當時要從日本搭飛機出國不是件容易的事。我想要抵達就職公司，得先以船員的身分搭上油輪，從川崎港出發，經過約一個月的時間，先抵達科威特（Kuwait），再從科威特搭飛機前往倫敦，那也是我人生中第一次搭飛機。但沒想到，油輪抵達科威特之後，我卻被誤認是非法移民而遭到拘留。

在一個完全陌生的地方被警方居留，那種恐懼令我害怕到膝蓋都在發抖，但與此同時，內心深處卻也感受到一股難以言喻的亢奮，不停想著：「明天究竟會變得如何？」比起留在日本企業工作、過著安穩的日子，當時的我才更為深刻的感覺到自己活在當下。

從不會說英文，到談一筆數億日圓的交易

抵達倫敦之後，首先遇到的困難就是語言不通。進公司之後，我也總是要比別

人多付出一倍的辛勞，但我仍然樂在其中。

我在倫敦待了三年，從不怎麼會說英文，到後來能用電話談一筆高達數億日圓的交易。現在回想起來我都還是會冒冷汗，那時候我超級害怕，萬一把十三（Thirteen）萬跟三十（Thirty）萬聽錯的話，可是會造成莫大損失啊！不知道有多少次，我在睡覺時都會做諸如此類的惡夢。

某天，我在公司的用餐區與一位英國同事一起喝咖啡，我告訴他我來這家公司就職的整個經歷，他非常驚訝的說：「普通人應該都不會做這樣的選擇吧？」然後從隔天開始，同事對我的態度就變了，他們把我當成一見如故的重要夥伴一樣。

大學畢業後的九年間，我在倫敦、百慕達群島、東京等地工作，因為想要促進職涯發展，加上未來也想換到不同的業界工作，我決定自費赴美國史丹佛大學留學，當成是對自己的投資。當時我要帶著妻子與出生六個月大的長子，一起前往海外留學，也是下了相當大的決心。

有留學經驗的人應該知道，自費赴美國的私立大學留學所費不貲，甚至可說是一筆相當巨大的金額，所幸我在石油製品貿易業界工作的那九年，確實發了不少

「橫財」，我就將那些錢當成學費以及在矽谷的生活費。

取得MBA之後，我進入貝恩策略顧問公司，累積自己的經驗與資歷。再後來，我對人才搜尋感興趣，因而轉職加入了光輝國際。

無須我多言，**企業經營最重要的要點，就是選擇適用的人才、培育，然後將人才做最適當的調配**。

坊間有非常多商業書都這麼寫，甚至兵法書也是持相同論調。但是，當時的美國已經發展出穩定規模的人才搜尋產業，亞洲國家卻還只是起步階段，我相信未來一定會有越來越多人明白這項工作的重要，我堅信這行在亞洲國家將來肯定會迎來變化，所以我選擇了這份工作。

這份工作必須常態性支援客戶多變的徵才需求（尤其是經營管理方面的人才），同時也需要輔助許多人轉變職涯，這些都讓我樂在其中，也深感這份工作的意義有多麼深遠。這種感覺到現在始終沒變，我想這也是我能持續做三十年以上的原因。

你也有必須守護的事物嗎？

每個人一定都有想要守護的事物，例如家人，而對於一個領導者而言，與家人同樣重要、必須守護的東西，就是公司。

前面我提到目前蔓延全球的新冠肺炎，這也算是所有人都共同經歷的劇變事件了。而在疫情之前，還有一個日本人都經歷過的大事件，就是發生於二〇一一年三月十一日的東日本大地震。我想在那個時候，所有人腦中肯定都浮現出最重要的人的模樣。

當時我一感覺到激烈搖晃，立刻就去確認家人們的安全，同時也聯絡了公司的總務部長。他和我都是這種緊急時刻的風險管理人，我與他的資料都有登錄在美國總公司的通訊錄當中。

首先，我們先確認了東京辦公室的全體同仁及其家人是否平安，再向總公司報告，所幸同仁及其家人、東京辦公室都沒有受到嚴重損害。接著，我向全體同仁發送訊息，請大家要以家人的安全為重，可以暫時先取消與客戶的會議，並即刻轉換為遠端作業模式。最後，我告訴全體同仁彼此間要保持密切聯繫，互相幫助、鼓勵，一起共度難關。

之前有位居住在美國的前工程師告訴我，福島核能發電廠的抗震能力強，但是抵擋海嘯能力很弱，雖未經過證實，但我這位前工程師友人相當可靠，我信任他。於是我迅速開始規畫，我和妻子會留在東京，但我會預定飯店，將三個孩子們疏散到京都去。

結果，我的擔心是多餘的，因為並沒有發生我所害怕的大規模災難，孩子們也不知道為什麼要去京都，最後也平安回家。

我對於這次錯誤的估算並不感到丟臉，因為在那個當下，我深刻感受到孩子們對我有來說有多重要，當時我還不習慣用社群媒體，但仍然透過它收到許多來自世界各地親朋好友，對我們家以及東京辦公室的關心訊息，這讓我覺得一個新時代即將揭開序幕，而我也更加強化了身為組織領導人的自覺，我認為這是一段非常值得我深省的經歷。

當危機與災禍臨頭時，我們才會看清楚自己最該保護的事物是什麼，更重要的是，你有多強烈的覺悟去守護。

將家人與公司看得跟自己的性命一樣重要，甚至更重要。唯有如此堅定的心情與意念，才能讓自己對風險、危機的訊息更加敏感，更準確的預測未來並思考如何應對，然後以最快效率實施對策。

沒錯，說到底就是心態與意志力。若是缺乏守護重要事物的決心，將會無法招架突如其來的變化。

壞小孩領導者的思維特徵

- 比起穩中求勝，更樂於挑戰變化。
- 不過於謹慎，懂得先下手為強。
- 知道怎麼做才能守住公司。

第 2 章

贏在速度，多動力就是你的富能力

我喜歡披頭四，目前我與其他夥伴成立了一個業餘的四人大叔樂團，我擔任主唱與吉他手，有時候我們會在橫濱的 Live House 演出，而我同時也很喜歡日本演歌，我覺得美空雲雀與石川小百合簡直就是天才。

我還很喜歡足球。還記得當我看到義大利足球員羅貝托・巴吉歐（Roberto Baggio）那出神入化的球技時，我沉醉不已。不過，我也非常喜歡日本的大相撲（按：指日本相撲協會主辦的職業相撲比賽），身材相對嬌小的千代富士，將體型比自己龐大的對手力士摔出土俵的英姿，也令人終生難忘。

我也愛紅酒與起司，但每次當我品嘗日料師傅精心製作的高湯與精緻和食時，我都覺得全世界再也沒有比這更美味的料理了。我在上班前一定會喝星巴克的咖啡，甚至沒有喝一杯我就無法開始工作。但是，妻子為我泡的濃郁綠茶仍是我心中的最愛。

看到這裡，想必各位會在心中嘟囔：「這作者在寫什麼啊？這本不是講商業的書嗎？」這我當然非常清楚，請容我繼續說下去。

我在美國攻讀研究所，之後也在外商工作。因為這樣的背景，我經常被別人認為是個很洋派的人，但其實不然，我從裡到外、從頭到腳都是不折不扣的日本人。

日本的文化、食物、人、氣候等，不論哪方面都很美好，這些優點轉化在工作表現上更是出色。大多數人誠實又親切、認真投入工作，很少偷雞摸狗；基礎教育水準也很高，社會風氣普遍也是只要努力付出，就能有收穫。日本的優點真的很多，多到我可以一直不停的寫下去。

但是好話到此為止，接下來就要進入正題了。

根據經濟合作暨發展組織（OECD）調查結果報告顯示，二〇二〇年，日本人的平均年收入為三萬八千五百一十五美元（按：本書美元兑新臺幣之匯率，依臺灣銀行二〇二二年十二月公告均價三十．六九元計算，約新臺幣一百一十八萬元）；而美國是六萬九千三百九十一美元，德國則是五萬三千七百四十五美元，差距相當大。不只如此，韓國的平均年收入為四萬一千九百六十美元，已經超越日本了。日本人的年收入，竟然只有美國人的六成，甚至還比韓國低。我相信有人一定會說是因為匯率的關係，遺憾的是，這些數字早已經配合匯率調整過了。

三十年前，日本企業不只買下美國最具象徵性的商業建築之一——洛克斐勒中心（Rockefeller Center），甚至還收購了知名的哥倫比亞影業（Columbia Pictures），當時的日本媒體還用「買下美國的靈魂」、「光是一個東京就足以買下美國」等如此誇張的形容。

曾經如此富裕強盛的日本，為何現在會淪為如此貧乏的國家？是因為房地產泡沫化嗎？是因為東芝（Toshiba）的半導體事業隕落了嗎？還是少子化及高齡化的影響？或是金融產業蕭條？是因為日本銀行的鈔票印得不夠多嗎？以上應該都是原因之一吧。

但我認為，這些都不是最關鍵的核心。恕我直言，日本經濟會衰敗至此，都是因為商業環境嚴重缺乏速度感。

缺乏速度會失去很多商機

與日本企業交涉時，日本人總是會說：「好的，我們會再內部討論。」然後就要等上兩週。兩週後，日本企業給的回覆經常不清不楚，此時若你又提出了一個新的提案，那可能又要再等兩週。

國際商業往來的情勢瞬息萬變，**日本企業下決策的速度實在是太慢了**，別人都是開車上高速公路，日本企業卻是在高速公路上騎腳踏車。

日本企業緩慢的速度，經常成為在日本工作的外商企業人士討論的話題，而結論往往都是：日本人明明很勤奮，但效率太低。

聽到日本企業被如此評價，其實我很心痛，我為所有勤奮工作的日本員工感到難過，更令人沮喪的是，日本企業完全沒有意識到，因為缺乏速度，導致喪失了多少商業機會。

我想說的是，不僅僅是單一企業因為缺乏速度而受到損失，這種拖泥帶水的惡習正在讓日本全體變得越來越沒有競爭力，也是日本人越來越貧乏的主因；這數十年來，日本不知道因此失去了多少財富。

當然，快速下決定也代表判斷錯誤的風險變高，但正因如此，領導者必須盡可能、儘早判斷情勢，並做出最適當的決策。儘管沒有任何證據可以證明我的論點是否正確，但就以個人感受而言，日本人會變得如此困苦，其九成原因就是欠缺速度感。

勤奮勤勉、基礎教育水準高、社會風氣是只要努力就會有回報，日本人明明擁有如此多優點，卻因為動作慢而前功盡棄。數學算式中，只要有一個數值為零，其計算結果就會永遠為零。

寫到這裡，我應該提了不少次，在日本，你只要努力就會有回報。或許有些讀者不以為然，甚至會想反駁：「美國不是有所謂的『美國夢』嗎？日本不是『棒打出頭鳥』的保守風氣嗎？」實際上並非如此。或許大家很難相信，但日本的確是這樣的社會。

由世界銀行（World Bank）所發表的，「各國跨世代教育與經濟之社會流動性」調查結果報告，當中針對「子世代的社會階層是否超越父母世代」做了排名，日本獲得了第六名，美國甚至不在排名之內。

目前在日本，儘管兒少貧困的現象正逐漸形成社會問題，但仍然是一個只要努力就能脫離貧窮的國家。

利用小成功，讓團隊動起來

話題回到壞小孩上。

我第一章寫到，處在激烈變化的時代，最重要的原則是掌握變化的徵兆，並預測未來走向，之後以最快時間擬定最佳決策並立即行動。接下來的時代，能速戰速決的公司，與辦不到的公司之間，將會產生致命的差距。

想要做到速戰速決，領導者必須擁有俯瞰組織整體的宏觀力。倘若只把注意力集中在某一個人身上，或過度執著於某一個部門，視野就會變得狹隘。更重要的是，領導者必須點燃熱情的火苗，讓整個組織動起來。就算領導者再怎麼優秀，只有一個人的話，什麼也做不了，因此必須讓大家陷入狂熱，全員動起來才能成功。

關注微小失敗固然重要，但利用小小成功來當火種、點燃熱情火苗更重要。

在眾人面前為小小的成功喝采；在下班前與大家一起在公司舉杯慶祝，透過這樣的場合，配合滿腔情感，讓大家感受到領導者的熱情與誠意。領導者必須把握機會，一而再、再而三的不停點燃大家的熱情。

當領導者與眾人的情感交流越頻繁，那股熱情的火苗就會越燒越旺，而這股熱忱也會透過員工傳達給客戶。反之，若眾人心中的熱情始終無法被點燃，就代表該領導者也不過如此罷了。

在此我想要向各位讀者推薦一本書，是由作家西門・麥爾（Simon Maier）與作家傑瑞米・寇迪（Jeremy Kourdi）共同撰寫的《一百位演講天才》（*The 100*）。這本書收錄了一百則扣人心弦的名言佳句，並分享如何靠演說激勵人心、點燃群眾熱情的訣竅，誠摯推薦。

收錄在該書的一百位演講天才當中，有一位是日本人。他就是二〇〇五年於聯合國總部演講、時任日本內閣總理的小泉純一郎，同時他也在日本自民黨總選舉時，打出「我要改革自民黨！」口號，讓全日本民眾陷入狂熱；可說是當代罕見的壞小孩。

儘管小泉純一郎作為首相的政績評價不一，但以我的角度來看，他的演講特徵有三點：構築自己獨有的風格、直言不諱、暢談與大眾共同的目標。若你也能像他一樣，用滿腔熱情訴說自己的目標及願景，部屬心中的火苗肯定能被你點燃；眾人心中的熱情將會蔓延開來。

最糟糕的決策：維持現狀

身為一個經營者，腦中必須時刻有「用錢買時間」的意識，如此才能速戰速決。經營者是否有這個觀念，在經營管理上也會造成迥異的結果，例如是否要併購、選擇加盟（聯名合作）、建構第三方開放平臺、高階主管的職缺是否需要找人力資源公司幫忙。

不過，希望大家不要誤會。我並不是說錢一定可以買到時間，所以任何決策都只要花錢了事即可，我想要強調的是，擁有正確觀念的重要。

一個經營者對自家產品有所堅持是好事。經營者想以自家公司的文化風氣來培育新人也是好事。但是，這些都應該建立在比較完所有選項的前提下，才能稱之為最佳決策。我認為有不少人（企業）其實都在不知不覺中，將不做任何改變視為一種選項。

A製造商與B製造商彼此是同業的競爭對手，他們除了各自的主力產品之外，同時各有一款醫療機械製品的暢銷產品。A與B在這項產品方面也一直彼此競爭、勢均力敵。

當時，那款醫療機械製品在業界有一個傳言：它遲早會全面汰換為數位型產品。得知傳言的A製造商立刻投入數位化的研發，要將旗下產品進行數位化轉型，也因此投入不少成本在數位技術研發；同樣得知傳言的B製造商，卻認為「哪有可能那麼簡單就全面數位化」，對於自家產品是否需要數位化轉型這個議題置之不理。

商場上的勝負往往在一瞬之間。現在A製造商以該項醫療機械製品為主力，大大拓展了旗下產品的市占率；B製造商則因旗下主力產品的銷路越來越差，導致無路可退，最終從市場上消失了。

A製造商不只認真投入數位化，對於自己不擅長的醫療研究開發領域，也積極透過併購來彌補自身的不足。

這是一個誰都能理解、簡單又典型的案例，現實中也不少見。

一個領導者是否能察覺變化的徵兆，且當機立斷、做出決策，最後造成的結局將截然不同。

這個案例不只是單一企業個案，更可以套用至日本全體。日本在近二十年之間，完全沒有跟上全球數位轉型的浪潮。日本現在非常需要能察覺這些問題並迅速思考對策、採取行動的人才。我就直接說了吧！**比起品德高尚，能當機立斷、快速決斷的領導者更可貴**。

一個領導者所需要具備的條件，是敏銳察覺最新局勢動態，然後思考並快速採取行動。

我來說說現正任職於某廠商的數位部門部長——A先生當初被獵頭的故事吧。

A先生最後順利得到新工作的契機是，當他被問到：「若您被錄取，到職後您會先做什麼事？」他回答：「服務品質固然重要，但在那之前，我想先創造重視速度及效率的工作風氣。我會先從打造這樣的企業文化當作第一步。」他的答案得到面試官青睞。

不用完美，做到八〇%就該出手

A先生透過書籍、網路、採訪等方式，大量蒐集了關於那家廠商的資訊。在正式面試之前，他根據得到的資料內容，針對如何提高企業效率這方面做足了準備。A先生分析，這家廠商向來優先重視顧客，口碑相當不錯；卻也因為追求品質完美，導致速度太慢而造成損失。

A先生在面試時表示：「與客戶一起開發與改良產品，聽起來好像很可怕，不過，『敏捷式開發』（Agile Development）已經是軟體公司常用的做法。簡單說，就是在試作階段推出『試用版』，再根據用戶回饋來改善。我很希望這種新時代的開發方式及精神，能在貴公司推廣普及，即便是製造商，也應該要培養更有效率的速度意識。」

「那麼，您會如何推廣呢？」面試官繼續追問。

A先生回答：「例如，當團隊成員提交進度報告時，我會要求他們務必快速簡潔的提出來。報告內容不用完整詳細，因為我希望盡可能在初期階段，就能掌握整體進度，並且定好作業方向，至於其他細節方面的資訊，可作為參考附件，之後再提交即可。」

或許有人會質疑，「重視速度的話，能保證品質嗎？」我知道不少人認為這兩者是彼此矛盾，但並非如此。現在這個時代，速度也是品質的一部分。「慢工出細活，就算速度慢，只要品質好就行」，這種觀念已經過時，現代的觀念是「好東西更要趕快出」，「不只品質好、速度更要快」。

當今領導者的思維是：「不需要追求百分之百完美，有八〇%就可以了。」

像A先生這類型的領導者，他給人的感覺就是「不需要追求完美無瑕，儘管放手去做吧！失敗的話我會替大家扛！」相較之下，傳統思維的領導者因為責任感很強，無法接受不夠完美的半成品，但這份執著很容易讓他錯失良機。

如果領導者無法跳脫「一定要做出完美的產品才能上市」的窠臼，在接下來的時代將會難以生存。就像現在智慧型手機裡的應用程式，廠商無不都是搶先發布，日後再定期更新維護。這種「打帶跑」、「邊製作邊營運」的速度感非常重要。

現代日本的壞小孩代表人物之一堀江貴文，暱稱為「堀江A夢」。他的著作

《多動力就是你的富能力》，我非常推薦給想要了解壞小孩思維的讀者閱讀。

書中提到他曾經舉辦千人規模的祭典型活動，他寫了如下文字，容我引用：「最重要的是別在乎太多細節，只管勇往直前。與其花費五年時間去準備一個保證完美無缺的第一屆祭典，不如別想太多、就算還有點草率也沒關係，總之趕快舉辦就對了！然後在這五年之間持續嘗試與改善，每一屆活動的品質就會越來越好，也能吸引更多客人參加。」

誠如堀江貴文所言，他的第一屆「堀江A夢祭典」，居然只花了兩個月準備，但之後竟成長為吸引上萬人參加的大型祭典。

意志堅定到大家都能認同你

我還想介紹另外一位人士的故事給大家，那就是完美體現速戰速決的M先生。

M先生曾擔任優良外資企業的日本法人社長，當時他是我的客戶之一，我受到他諸多關照。之後，他被某日本企業招聘，擔任該企業的執行長。

有一次，我有機會問M先生：「您在日本企業，也能像之前擔任外商企業執行長時一樣當機立斷、速戰速決嗎？」

沒想到，M先生回答：「當然可以，只要我的想法沒有太誇張的錯誤，我秉持著肯定與堅定所下的決定，沒有人會反對喔。」這答案太令我意外了。

真的有這麼簡單又順利嗎？正當我內心暗自疑惑時，M先生接著說：「之前有一次，我們開會討論『公司應該重視多樣性、多提拔女性員工』這個議題。我說：『既然如此，A小姐與B小姐的工作表現都很不錯，不如就提拔這兩位吧！』結果在場的各位沉默不語。

「沒多久，有一個人出聲：『那兩位真的會願意接受升遷嗎？』我回：『她們拒絕的話，到時候再說。所以我決定現在就發出這兩位同仁的升遷通知，大家沒意見吧？』在場無人有異議，這事就這麼定了。」

看來，重點就是「**只要意志夠堅定，什麼都阻礙不了你**」，這與外商公司或日系企業無關，關鍵只在於領導者有多少覺悟與決心。

堀江貴文與M先生都是敏銳察覺到變化徵兆，並且當機立斷的類型。像他們這種領導者，看到那些總是小心謹慎、絕不採取行動的舊世代領導者，肯定會認為他們就是一群只會出一張嘴抱怨，卻不自己動手做點什麼的絆腳石。但是，若站在舊世代領導者的立場來看，其實他們也很苦惱於無法理解新世代領導者的思維。

當要下一個決策時，舊世代領導者認為應該要針對對手的狀況、預設可能會遇到的問題等，先行討論與研擬對策；然而新世代領導者卻省略這些重要步驟，只會一股腦鼓吹著「先做了再說」，這讓他們怎麼樣都無法認同。

因為舊時代領導者無法當面拒絕：「我認為現在沒必要做那些。」他們只能用很委婉的說詞，例如：「雖然強化公司的多樣性很重要沒錯，不過，其他公司看起來也沒有在做這件事啊」，用這種迂迴的方式來暗示「就算不這麼做也可以吧？」

但這對堀江貴文或M先生這類型的領導來說，完全起不了作用。他們肯定會說：「啥？那種事不重要啦，總之我們應該要做啊！要吧！不要嗎？要啦！我直接去問她們兩個人囉？」如此步步進逼，絕不妥協。

不要害怕打掉重練

能在未來引領必要改革的人，肯定會不斷挑戰新的領域，絕不依賴過往常識、價值觀、成功經驗等。在英文裡，我們這樣稱呼：Self-Disruptive Leader，也就是不厭其煩將自己打掉重練、進行改革的領導者。

當一個人擁有自己的信念、擅長的領域與成功經驗之後，會想要用這些當成準則，並依循這套準則行事，但是，將自己打掉重練，才能以嶄新的視角看到不一樣的面貌。

尤其在變化快速的時代，我們面對那些原本必須深思熟慮，才能下決定的事情時，變得必須馬上判斷且迅速行動才行。一個事業的戰略決策，往往得從根本上調整、擬定，這種時候，過去的成功經驗反而會變成阻礙。

未來能擔任領導者的人，必須是個可以經常將自己打掉重練的人；得先從自己開始改變，才可以激勵人心、促使他人跟著轉變。

壞小孩領導者的思維特徵

- 他利用小成功讓團隊動起來。
- 大家喜歡討論完再做，他是先試了再說。
- 缺乏速度就會失去商機。

第 3 章

壞小孩不能只待過一家公司，滿十年資歷你就該爬到很上面

你會將「挑戰」這個詞翻譯成哪個英文單字？

如果我是高中英文老師，你翻成 challenge，我會打勾；若我是商務講座的講師，我就會打叉。正確答案是什麼？我認為是「risk-taking」（勇於冒險）。現在這個時代，挑戰已經不再是指去做困難的事情而已，敢於冒險，才算得上是真正的挑戰。

稍微離題一下，我想分享一個與商業界較無關的小故事。

我經常收看日本放送協會（NHK）的大河劇，也非常喜歡在大河劇播映前的教育性節目《達爾文來了！》。雖然該節目主要受眾為兒童，但是大人看了也會覺得很有趣。

有一次，該節目介紹了鮭魚及鱒魚的生存方式。

鮭魚會在河川產卵，孵化後的小魚則會游向大海。數年之後，長大的鮭魚為了產卵，會游回自己出生的河川，也就是洄游；此時的鮭魚體型早已變大，甚至比以前大上數倍。

這部分我本來就知道，我所不清楚的是，原來並不是所有鮭魚都一定會游向大海。留在河川裡長大、死亡，終其一生都沒有出海的小魚就是鱒魚，只有會游向大海的小魚，才會被稱為鮭魚。

在廣闊大海中，經過重重歷練及困難才長大的鮭魚，相較於只待在河川長大的鱒魚，前者的身材大小可以長到後者的十倍以上。同樣是魚，活在狹小世界或廣闊大海，都會被視為不同種類，我們人類社會又何嘗不是如此？

鮭魚及鱒魚，哪種生存方式讓你比較有共鳴呢？每個人的人生都只有一次，我個人對於鮭魚的生存方式非常有共鳴，相信各位應該也是吧。

你要成為鮭魚還是鱒魚？

儘管將人類比喻成鮭魚有點失禮，但是，在世界舞臺上發光發熱的壞小孩型領導者們，他們全是鮭魚，沒有任何一個是待在舒適圈、渾渾噩噩過日子的鱒魚。

這些人之中，有人高中畢業就離開老家，獨立生活；年紀輕輕就遠赴海外求學，勇於跟想法及價值觀迥異的外國人交流；在海外工作，適應與母國截然不同的文化圈；勇敢挑戰那些別人認為辦不到的事；不害怕轉職甚至換跑道；面對主管荒唐又無理的要求不輕易妥協；看到不公不義的事也不會逃避，敢於正面迎擊。

勇於背負風險的人才會有所成長，這是我的論調。

獲得諾貝爾生理學或醫學獎殊榮的山中伸彌，當年他放棄成為未來有保障的臨床醫師，反而背負風險、走上研究之道，立志成為一名研究者。在他不斷努力之下，他發現了 iPS 細胞（誘導性多能幹細胞），也因此獲得了諾貝爾獎。

足球選手三浦知良，他在十五歲時隻身一人赴巴西留學及精進足球技巧。在巴西，他深刻感受到日本人與巴西人在足球技術及身材、體力方面的巨大差異，但他仍努力學習、練習，最後也加入了巴西的職業球隊，並以正式球員身分出賽。他在二十三歲這年返回日本，入選成為日本足球國家隊的一員，可惜未曾出戰世界盃；儘管如此，他還是成為日本足球界數一數二的優秀運動員。

其實三浦知良當年就讀的靜岡學園，也是一所以足球聞名的名校，他甚至還是校隊的一軍。當時的他就算沒有去巴西留學，留在日本以高中選手的身分繼續努力，相信也能有不錯的發展。不過，他並沒有就此滿足，正因為他勇於挑戰風險，才能擁有現在的成就。

我以獵頭為業，接受企業客戶的委託，為客戶尋找適合的人才，並協助延攬招聘。而我的目標對象，幾乎都是要被延攬成為營業額高達數百億、數千億日圓的大企業經營幹部。也就是說，他們都是鮭魚。

擁有乘風破浪經驗的人才特別強大。他們所要投入的商場上充斥著刀光劍影，事關掌管經營權的重責大任，怎麼想都不可能交付給習慣安穩、逃避挑戰的鱒魚。

不間斷的擁抱風險、勇於突破一道又一道的難關；日日不停思考，心中熱情的火苗不輕易熄滅，永遠都能朝著目標持續挑戰的人才，才值得大企業信賴。

規則不是用來遵守，是用來打破的

現在率領資生堂企業的總裁魚谷雅彥，他是我碰過的形形色色經營者之中，好奇心特別旺盛，又擁有赤子之心的一個人物。

資生堂這個品牌擁有一百五十年的歷史，可說是傳統色彩極為濃厚的一家企業。在魚谷雅彥接任之前的前資生堂集團主席——前田新造，他是一個很有危機意識的經營者。他認為資生堂要挺過全球化的風暴，就必須全面改革。

苦思再三，他最後決定從外部尋找自己的接班人，而這萬中選一的人，就是在全球營銷領域擁有傲人實績，且不害怕改變與改革的魚谷雅彥。

剛開始，資生堂裡的元老級員工都無法接受外人來擔任社長，一時之間反對聲浪居高不下。但是，當了解整體情勢的重要性之後，最終仍然由魚谷雅彥接下社長一職。

魚谷上任後依然不改他壞小孩領導者的本色，大刀闊斧改革前例、破除舊習，非常有魄力的執行了相當大膽的企業革新，其結果也誠如世人所知，在他接掌社長職務後，資生堂的業績飛快成長。二〇一四年，他就任時的營業額為七千六百二十億日圓；二〇一七年時，營業額已經成長為一兆五十億日圓。

說到魚谷雅彥，他最廣為人知的經歷，應該就是他曾任日本可口可樂公司的董事長。

一九九〇年代，日本有一支風靡一時的電視廣告，那就是罐裝咖啡「喬亞」

（GEORGIA）的廣告。當時擔任廣告女主角的女演員，是尚未走紅的飯島直子。這一系列的廣告中，飯島直子溫柔又俏皮的鼓勵疲累的上班族男性們；這則廣告大紅，飯島直子也在當時受封為「療癒系女神」。

事實上，這支廣告正是魚谷雅彥就任可口可樂公司行銷部長之後的首秀作品。而且，當時他毅然取消了美國那邊正在拍攝的廣告，投入了數千萬日圓的經費，轉拍這支完全由他籌劃的廣告，這需要非常大的決心。

外商企業的鐵則是「絕對要遵守總公司的命令」，膽敢擅自取消總公司安排的廣告，其所要承擔的風險難以想像。我不確定當事人當時有沒有意識到這個嚴重性，但若由我來評論他的話，我百分百肯定他就是壞小孩。

魚谷雅彥這種魯莽的行為，不只在公司內部掀起波瀾，也讓旗下配合的瓶裝系列飲料商都驚訝不已。但是，當他們得知他真正的意圖與計畫後，他們全都變成了最熱情的支持者。

這支廣告在日本大大走紅，帶來了空前的大成功。這支廣告讓喬亞的市占率上升了十個百分點，達到五三％。

你將挑戰視為機會，還是風險？

或許你會覺得，自己應該沒有能力去冒那麼大的險。但不用擔心，只要你一直持續挑戰小型冒險，漸漸的就可以挑戰更大型的了。

我身邊有位人物，暫且稱呼他為C先生。

C先生任職於一家擁有創業三十年歷史的老牌製造業。由於該公司的營業主力為B2B（按：Business to Business，企業對企業的商業模式），一般民眾可能並不熟悉，但在業界可說是無人不知、無人不曉，該公司旗下擁有五百名員工。

C先生在這間公司其實待得很不愉快。他進入這家公司已經有十五年，論年紀也快要四十歲了。同期中，不少人有不錯的工作表現，甚至也有人早已升遷，和其他人相比，C先生覺得自己明顯落於人後。

就在那時，公司要開始執行「開發中國市場」的專案，此專案由社長主導，也備受重視。過去二十年間，公司挑戰過很多次，但都無功而返，中國市場對公司來說，就像是個恐怖的鬼門。

但是，當時中國市場正開始急速成長與發展，因此公司無論如何都希望能進去（當時內部也分成兩派相反意見），於是C先生主動表示願意接下，他想：「我就在這個專案上賭一把！」

和C先生有好交情的同事、友人都勸他：「打進中國市場固然重要，但要承擔的風險太大了，你根本沒必要冒這個險。」儘管如此，C先生仍毅然決然踏上了先鋒之路。

遇到機會絕不能拱手讓人

C先生到了當地之後，各種問題接踵而來。地方政府的政策規範朝令夕改；中國員工要求更多、更好的福利；勞資糾紛層出不窮；交易廠商不肯乖乖付錢；自家員工被競爭對手挖角……這些意想不到的難題，C先生只能硬著頭皮處理。

C先生在期間挫敗了好幾次，甚至還發生公司資金快要燃燒殆盡的窘境，但他每一次都會與社長暢談如何攻略這塊夢寐以求的市場，重獲金援。

五年後，C先生終於成功與某個地方政府達成交易協議。在中國市場，能得到地方政府的支持，將會是莫大的助力。公司聲望一口氣大幅提升，其他地方政府也紛紛跟進，與公司談合作。

公司的營業額快速成長，不只彌補了先前的損失，甚至賺回了更多。而C先生的評價自然扶搖直上。他不只升遷得比同期更快、爬得更高，薪水也有所提升。可以說這場賭注，C先生賭贏了。

每當我分享C先生的故事時，肯定會有人問我：「決定要接下中國市場專案的C先生到底是聰明，還是單純運氣好賭贏而已？如果真的只是運氣好，那從這個故事中我們能得到什麼教訓？」

C先生究竟是聰明還是魯莽？這一點都不重要，我想表達的是，能在世界舞臺上有活躍表現的壞小孩型領導者，他們最不能接受的就是不戰而敗。他們當然知道有風險，但他們也知道冒險所得到的報酬有多豐厚。

面對挑戰時，他們腦中想的是「萬一出現其他挑戰者怎麼辦？」、「大好機會不能拱手讓人！」所以他們非常敢闖。

就算十個人裡面會有八個人戰死沙場，但是成功活下來的兩個人肯定會出人頭地。撐過大海考驗的鮭魚，將會以勝利者之姿回到出生的河川，成為躲在安穩環境的鱒魚的老大。

不要被「這公司對我有恩」的人情綁架

C先生獲得了社長的高度評價，當然也得到加薪與升遷。社長還對他寄予厚望，希望他未來能成為中國市場的負責人。

眼下C先生雖然從工作中得到了成就感，但是他的腦袋裡卻不停浮現這些想法：「其實我想更加活用自己的經驗與專業，站上更大的舞臺，挑戰更大型的工作。」於是，他來找我商量。

我告訴他只有兩個選項。第一個，也是絕大多數人會選的：繼續待在現在的公司，並成為中國市場的負責人，走上穩健之道；第二個：轉換舞臺，跳槽到可以規畫更多預算、規模等級更高的公司，善用自己的優勢去挑戰大型工作。C先生毫不猶豫選擇了後者。

一個積極成長的生意人就該這個樣子。這種果斷的決策力，正是壞小孩的核心價值。他們只會著眼於自己的成長、追求自己未曾體驗過的事物，因此他們從不會去想，「待在這家公司就可以人生安泰了」，也不會被「公司對我有恩」這類的人情綁架。

至於做出這樣的選擇是否意味著聰明，並不在壞小孩的考量之內。是否忘恩負義、背叛了培養自己的公司，對他們來說一點也不重要。

我敢斷言，現代所尋求的人才就是這種類型。你，又或者你的（或未來的）老闆又是哪種類型？

為什麼每十年就該換一次工作？

因為我的工作緣故，經常會有人來找我諮詢換工作事宜。我的答案向來都一樣：「只要你迷惘，我都建議換工作。」這絕對不是因為我是獵頭才這麼說。

我非常喜歡「職業不分貴賤」這句話。一間公司裡，社長也好、負責打掃廁所的清潔員也好，大家都在認真工作，在這一點上，每個人都是平等的，沒有優劣之分。當我從海外歸來，發現這個觀念深植在日本人的價值觀中，我非常高興。

只是，人類的勞動行為都有價格，一年能創造五億日圓營收的人，與無法辦到的，兩者在勞動市場的價格絕對不一樣，而你在勞動市場上值多少，將大大影響你的人生。

我認為，每個人都應該對自己值多少更敏感一點，讓自己成為搶手的高價人才，就能讓自己從很多不必要的壓力中解放。

該如何決定自己有多少價值？這些都是由市場的供需關係決定，越多企業或組織搶著要的人才，價格自然越高；乏人問津的人，自然就會被討價還價。因此，與其一直待在同一個地方工作，我建議最好每十年就應該換一個，擁有多種工作經驗是一件非常寶貴的事情，這也是你被多家公司青睞的最佳證據，同時也意味著你是一個渴望積極成長的人。

實際上，**我們在獵頭時，很少會去接觸從來沒有換過工作的對象**。一輩子只為一家公司付出並不是壞事，但是，安於現狀又缺乏成長意圖的人對我們來說，實在沒什麼好談的。

跳槽要小心，職位不能越換越低

當然也不是想怎麼換就怎麼換。為了提高自己的價值，選擇工作時，必須挑層級更高的職缺，說白了，就是要越跳越高。

原本一年可以進行十億日圓交易額的人，若是能做到交易額高達一百億日圓，他的成長肯定會非常驚人。背負的責任變重，就必須更全面思考策略，更加提升執行力。

例如，在高中時期並未受到注目的足球選手，好不容易進入J聯盟的J3球隊，成為職業足球選手，但是，J3比賽的觀眾一場頂多一千人。

然而，隨著選手不停精進與成長，從J3升到J2，最後升到J1，一場比賽的觀眾也增加到四萬人以上，選手活躍的舞臺越來越大。若是在J1的比賽踢出好表現、維持好成績，就有機會加入歐洲球隊，成為全世界關注的焦點。

一名職業運動選手成功的同時，也會躍上更大的舞臺，這是必然的結果，也可以說，每一個階段的舞臺大小，都會促使選手提升能力。

去到等級更高的舞臺，也能遇到更優秀的教練。觀眾越多，也越能激勵選手有好表現；而選手表現得越好，越能得到媒體的關注與讚揚。就算失誤，也能深刻檢討自己。

壞小孩們擁有察覺這些要素的本能，因此要轉職時，都是往更高的目標前進，他們絕對不會因為自己的喜好，而自願從J1降格到J3。

前面提到的C先生，他後來轉職到比原本公司規模還要大好幾倍的國際級大企業。他現在一年能經手的交易額也是舊工作的十倍以上，薪水自然也是水漲船高。他說他很滿意目前的工作，但是他並未停止挑戰。

測看看，你任職公司的壞小孩指數

既然說到換工作，有一個題目可以測試你所待的公司，是否跟得上時代：**你的公司是否歡迎一度跳槽離職的人再度回來任職？**

如果你公司的答案是：「完全沒問題！在外面累積了經驗、變成更優秀的人才還願意回來效力，公司沒有理由不歡迎。」恭喜你，這是一家可以待的好公司。反之，若是對有意回鍋的人冷嘲熱諷，甚至說對方是「叛徒還好意思回鍋」，我敢打包票，這家公司絕對不會有未來。

曾經有一次，我在電視上看到日本某縣市的地方首長，在當地舉辦成人式的那天接受媒體採訪時，說了這句話：「我們這裡每次舉辦成人式之後，就會有很多年輕人離開家鄉，跑去都市追求更好的發展，導致本縣人口減少、稅收下滑，其實我真的很希望大家可以留在家鄉啊。」沒有經過社會歷練的年輕人留在家鄉，只會造成社會更大的負擔，該地區也會停止成長。

如果那位地方首長是壞小孩型的人，他應該會回答：「大家剛滿二十歲，都還非常年輕。我希望你們能去其他縣市，甚至出國去學習在家鄉學不到的知識，去體驗在家鄉得不到的經歷，然後帶著你的知識與經驗回來這裡。

「不管你是要獨立創業或者回來就職，我都盼望你們能運用所學的寶貴知識與經驗來活絡鄉里，讓這裡變得更加繁榮。我們永遠歡迎願意帶動鄉里成長的年輕人。」

沒有冒險就不會有成長，壞小孩比誰都更明白這一點，因此，他們歡迎同樣願意冒險的人成為夥伴，也尊重每一個冒險犯難之後所得到的經驗。

由這樣的領導者帶領的公司，以及與此相反的組織，哪邊才能有所作為，大家應該都分得出來。想要在激烈變化的時代裡有所發展，領導者就有如指路明燈一般重要。

日本諧星組合「東方收音機」當中的成員中田敦彥，也是一個不害怕風險的壞小孩。

中田敦彥在二〇〇四年加入吉本綜合藝能學院，之後與夥伴組成了搞笑團體「東方收音機」。沒想到，該年在尚未正式出道的狀態下，參加了日本最大的搞笑比賽「M－1大賽」，並且進入準決賽，成為當時的熱門話題。

出道第二年，在高人氣搞笑節目《娛樂之神》以獨特的搞笑橋段「武勇傳」獲得廣大迴響，團體立刻爆紅、知名度大開，接下來更是以驚人的速度累積超高人氣，在出道第三年時，已經成為十個節目的固定班底，當中甚至有三個是「東方收音機」的冠名節目。

但是好景不常，不出三年，他們手上的班底節目一個個消失，然後開始走下坡。一直到了二〇一一年才又開始翻紅，之後中田敦彥以藝人的身分活動也越來越有起色。

他順利奪回一度痛失的演藝圈地位，與當年剛出道時的爆紅不同，這次他們可是歷經風霜、累積了更深厚的實力。一般來說，只要好好守成，想繼續活躍於演藝圈應該不難。

但是中田敦彥並不是喜歡安逸的人，他反而投身於藝人以外的事業，例如販賣商品、加入舞蹈團體並積極活動、開設線上沙龍、成立時尚品牌等。隨著各種活動辦得越來越大，他以藝人身分曝光的機會反而減少。

他於二〇一九年開設了個人 YouTube 頻道，成為一名 YouTuber。頻道名稱是「中田敦彥的 YouTube 大學」，頻道開設五個月後，訂閱人數就突破一百萬人。到了二〇二二年四月時，訂閱人數為四百六十五萬人，總瀏覽次數超過十億次。

他的著作《工作二．〇——做自己想做的事》中寫道：「若要以電玩遊戲來比喻，我就像是RPG遊戲裡的勇者。雖然每個人都很憧憬，但他的能力未必是最強的。」戰士的戰鬥技巧最強，魔法師可以使用魔法，僧侶能治癒隊友，但是勇者的能力卻經常不上不下，也可以說沒什麼用。

那麼，為什麼遊戲的主角總是勇者，而非強壯的戰士或魔法師？因為，勇者就是如字面上的意思，是個勇敢的人。登高一呼「打倒魔王！」然後集結有能力的夥伴，我認為這就是勇者的資質。

二〇二〇年，中田敦彥離開了吉本興業，隔年移居至新加坡。未來他還會有什麼樣的大冒險呢？真是令人期待。

壞小孩領導者的思維特徵

- 知道風險越高，報酬越多。
- 嘗試別人不敢做的，著重在自己的成長。
- 不嘲笑敢冒險的人，更樂意領導不去闖的人。

第 4 章

獵才顧問眼中的「最佳壞小孩」

我其實很討厭社群網站。當然，為了交換情報，我與同業及親友之間還是會使用它。

我聽說最近有越來越多商務人士透過經營自己的社群網站、發布特定內容，用以提升自己的經歷。我認為這是一個可以練習展現自我、推銷自己的機會。只不過，真正有實力的人，不需要透過這些方式也會被挖掘；他們自然而然就能讓自己的事業、履歷更上一層樓。

像我們這些獵頭，雖然也會透過社群網站來蒐集情報，但是，其他來自全日本，甚至全世界專業領域專家的口碑情報更有用，這些資訊不會出現在社群網站中，是最真實的情報，再對照網站上那些刻意營造的個人品牌形象，孰真孰假，一目瞭然。

壞小孩的拿手絕技，適時裝乖

我討厭社群網站還有另一個原因，那就是網友的「出征」。

有不少人自認是正義之士，甚至戴著好人的面具，卻懷抱惡意在探人隱私。想到竟然有為數不少的人，對於這種絲毫不理性，又充滿惡意的出征行為感到愉快，我實在敬謝不敏。

世人總會以高道德標準，看待企業領導者或公司老闆，幾乎要求他們必須時時刻刻都品行端正，就像是整個社會都在監視著他們一般。

他們的言行舉止必須符合社會期待；要給予員工優於勞基法的各種福利；要對地方社區做出貢獻；要遵守法律規範；男的必須是好父親、女的必須是好母親等，畢竟有一群狗仔隊，會將這些有名人士當成獵物，專門以監視他們為業，隨時準備爆料。

當然，我能認同這些監督或批判本身沒有錯，甚至可以說有其必要，但過度執著於挖真相、爆料的有心人士，在我看來就是充滿惡意的人。

我們獵頭並不會要求領導者必須時刻保持品行端正。**我們要求的底限是，在適當時機，展現出相應的合宜言行**，要說成是適時裝乖也可以，而這正也是壞小孩型領導者的拿手絕技。

那麼，我們這些人會想在領導者身上尋求什麼？熱情。

我不認為馬克・祖克柏、史蒂夫・賈伯斯、孫正義等人會有多重視社會規範。在他們的腦中，最看重也最重要的應該是夢想、野心、抱負、熱情。

人生只有一次，每個人一定都會有特別想要完成的事情，我希望各位都應該好好珍惜這份熱情。

比起有條有理，熱情更能打動人

創立「REALDEAR」公司的社長前刀禎明，目前以提供感性教育（以開發、培育兒童的感受能力為目的的課程）為主，他也是一位充滿熱情的壞小孩，而他還有另一個廣為人知的稱號——受到賈伯斯認可的日本人。

我在任職於貝恩策略顧問有限公司時，前刀禎明是我當時的同事，我們維持了三十多年的交情。即便身處在重視邏輯分析與思考力的顧問公司，他也總是很熱衷於工作。

猶記我剛進公司、進行內部簡報研修課時，指導老師挑了幾位準諮詢顧問上臺報告。大部分人的簡報內容都非常有條有理、沒有半句廢話，但前刀禎明的卻明顯與眾不同。

我指的不同，並非是指他的內容，而是他的表情非常和善，大家都能感受到他非常樂在其中。在場聽他簡報的人，心情瞬間放鬆且聽得入迷，也難怪他日後會成為富士電視臺晨間節目的固定班底評論員，還受到觀眾歡迎。

前刀禎明離開貝恩策略顧問有限公司之後，曾任職於華特迪士尼公司（The Walt Disney Company〔Japan〕Ltd.）、IT（資訊科技）產業等領域，後來也自行創業。不幸的是，他的創業之路走得並不順遂，他失意了好一陣子，就在這時候，他的熱情傳到了蘋果公司。

當時蘋果尚未發表iPhone，仍以販售電腦為主力，在日本也只有少部分的極客（GEEK）喜愛這個品牌。但是，曾待過索尼的他，一直認為蘋果的產品有著不凡魅力，甚至很著迷於賈伯斯的生存之道：「專注在你目前所做的事情。你無法預先把眼前所見的點串連起來，只有在未來回顧時，你才會明白它們是如何串在一起、對你的人生產生了何等重要的意義。」

賈伯斯在史丹佛大學的畢業典禮上發表一場演講，其中提到了「把點連在一起」（Connecting the dot）的概念。前刀禎明在聽過這一場演講後大受感動、內心激動不已。於是，他下了一個賭注，他與蘋果公司的員工進行了無數次面談後，終於獲得了可以直接在賈伯斯面前簡報的機會，而主題就是 iPod mini 的日本行銷策略。

我相信他當時的簡報肯定充滿了熱情與條理。

賈伯斯很滿意他的簡報，立刻錄取他成為蘋果總公司的副總裁，且主責行銷；在日本發售 iPod mini 的企劃也交給他負責。

前刀禎明的策略非常成功。iPod mini 在日本發售當天，銀座的蘋果專賣店大排長龍，粗估至少一千人以上，iPod mini 甚至還得到該年度潮流大賞的肯定，成為爆賣的超熱門產品。

據前刀禎明表示，賈伯斯每次發表蘋果新產品的簡報，其精彩程度堪稱是一種絕技，他每次介紹新產品時，都會說：「這是史上最好的〇〇。」這不是口頭隨便說說，而是他發自內心相信「這個產品將會大大改變這個世界的歷史。」這種強烈的熱情，驅使他開發出好產品。

前刀禎明目前投身於兒童的感性教育。有一次我問他：「哪一本書影響你最深？」沒想到，他的答案不是書，而是動漫《蠟筆小新》。聽到這個回答，我還以為他在開玩笑，但聽完他的解釋，我完全可以理解為什麼。

主角小新是一個五歲的小男孩，他自由奔放又開朗活潑，擁有不可思議的想像力與創造力。小新總是能以他獨特又純粹的觀點，顛覆大人的許多既定概念，他的種種表現，完全符合我在本書所提到的壞小孩特質。

前刀禎明進一步表示，「自主創新」（self-innovation）很大的影響一個人的學習與成長。因為這個名詞有點難懂，所以他經常用動漫《七龍珠》裡的主角孫悟空來舉例。

悟空每次要變身成超級賽亞人，或是其他更高等級的型態時，都是靠提升自己的情感——熱情，完成變身，就是所謂的自主創新。當悟空變得更加強大，他所擁有的熱情也會更強烈。

悟空每次遇到更厲害的敵人時，他不僅不害怕，反而提高了聲調說：「哎呀，我好興奮！」這也完美展現了壞小孩的靈魂特質。

身為光輝國際的人才搜尋顧問，我對目標的最低要求正是熱情，也是最重要的一點。

如果你的老闆沒有熱情，他對公司的未來就不會有想法，更別提規畫願景。試想一下，足球代表隊教練、日本總理、交響樂團指揮、殺人案件主責刑警，這些身負重責大任的人，若每一個都缺乏熱情，你還會信任他們嗎？即便他們品行端正、頭腦清晰，我想還是不會有人願意將重責大任交付給這類人。

商業界也是同樣道理。**為了準時六點下班，在下班前十分鐘就已經關掉電腦的人，無法成為真正的領導者**。我並非否定私生活的重要，也絕對無意推廣不必要的加班；實際上，我認為要完成困難的工作，一定要適度休息，但擁有熱情這一點，我也絕不輕易讓步。

身為一個領導者，他必須具備火熱到足以點燃他人的熱忱，比較老派一點的說法是幹勁。或許有些人會想：「說什麼熱情、幹勁，那些精神勝利理論早就過時了。現在這個時代更重視效率吧？領導者的工作不就是要想出既節省勞力，又能創造效益的方法嗎？」

確實，領導者以提高業務效率為目的，向員工下指令與告知意圖，站在時代潮流的角度來說，這麼做沒有錯。但是，當一個企業存續的時間越長，總會遇到無法跟上時代的時候。為了在未來不被淘汰，關鍵仍在於領導者擁有多強烈的熱忱。

一個人的熱情可以改變三萬兩千人

現在我要向大家分享，在企業面臨危機時，領導者的熱情究竟有多重要。

有一本書叫《日航的奇蹟》。當日本航空宣告破產後，稻盛和夫應邀主持日航的重建工作，締造了讓日航復活的奇蹟。而本書作者大田嘉仁，正是當時稻盛和夫最信賴的左右手；他以副手的身分，與稻盛和夫一起進入重建現場，並將企業重建的始末、從稻盛和夫身上所學到的經營與人生理念等寶貴內容寫進了書裡。

日航當時的負債乃是戰後最高，金額高達兩兆三千億日圓，因而宣告破產。所有人都認為日航不可能重建成功，但稻盛和夫與他的幾名親信，改變了日航三萬兩千人的意識，徹底大改革，最後靠著愛與熱忱，成功讓日航復活。

我想介紹這本書的其中一段。這是稻盛和夫就任日航集團會長的隔天，他抵達羽田機場辦公室時接受訪問的內容：

大西社長帶領了幾名總公司的幹部隨行，與稻盛會長一同前往機場辦公室，由第一線的主管簡單報告目前的狀況。原本有人提議：「難得會長親臨現場，要不要召集所有主管及員工集合呢？」沒想到，稻盛會長聽聞後立刻回答：「不必麻煩！」隨即便直接進入辦公室。

之後，稻盛會長奔走於辦公桌之間，他向每一位員工致意：「辛苦了，我是新任會長稻盛。現在是非常艱難的時期，我會和大家一起努力，加油！」員工每個人都嚇了一大跳，急急忙忙站起來要和會長行禮，稻盛會長馬上制止對方，並說：「不用多禮！抱歉打擾你工作了，請繼續做你原本的事，沒關係！」

到了下一間辦公室，稻盛會長仍然採取同樣舉動。身為同行者，我也不禁覺得

這樣其實非常耗費時間與體力，但稻盛會長完全沒有顯露疲態，持續親切的鼓勵每一位員工。（中略）

一直以來，日航高層很少親臨第一線現場，就算去了，也只是將主管幹部召集到會議室裡聽取彙報，然後做出指示與回應。

然而稻盛會長卻是直接進到現場，親自為第一線員工鼓勵打氣。當時隨行的其中一名總公司幹部就說：「我真是被打敗了。稻盛會長這舉動，完全讓所有第一線員工都變成他的粉絲了啊。」

親臨現場傳遞自己的滿腔熱情，這就是稻盛和夫所下的工夫，而他的滿腔熱血成功傳遞給三萬兩千人，改變了整間公司。

偉大的領導者懂得掌握別人的情緒

稻盛和夫不能算是壞小孩，他頭腦清晰、認真勤勉，工作方面的才能與人品都極為高尚、傑出，甚至具備了領導者應有的滿腔熱情，簡直就是一個超人。但是，在這個常態變化的時代，毀滅性危機隨時有可能突然降臨，因此，領導者的熱情比起稻盛和夫的時代，更顯得重要且有價值。

稻盛和夫的熱忱與他的高尚人品相輔相成，但在現代，比起人品，熱情更重要。大家知道丹尼爾・高曼（Daniel Golema）博士嗎？他最著名的著作《EQ》（*Emotional Intelligence*），在全世界累積銷量超過五百萬冊，他對光輝國際總公司的研究開發部門也有諸多貢獻與啟發。

他在續作《打造新領導人》（*Primal Leadership*）書中寫了以下內容：

> 偉大的領導者可以打動人心。他們能點燃熱情的火苗，展現最完美的一面。當世人要形容一個有能的領導者時，常用有策略、願景、堅強的理念等諸多詞彙形容，但最核心、最關鍵的要素只有一個——偉大的領導者懂得掌握工作的情緒。

我二〇〇%同意這個論點。感情才是驅使人類動起來的原動力，甚至是可以吸引敵人、化敵為友的靈藥。認為熱情、幹勁都已過時、不屑一顧的人，絕對做不了大事。

當大環境變動過於激烈，導致客戶企業適應不良時，他們便會委託光輝國際協助，尋找解決之道。出現這樣的案子時，企業通常要換掉經營幹部，從根本上改革企業的經營方針，所以客戶會希望我們找出最適合的人選，並順利挖過來。因此，我們唯一的目標，就是找出擁有熱情的領導者，並將他們的熱忱傳染給公司主管及員工，激勵人心。

當一家公司要改變方針時，一定會遭到老員工們抵制，尤其資歷越深的員工，反抗心越強。儘管這不全然是壞事，但他們這種心態，會成為公司改革上最大的阻力。這時，擁有強大熱情的領導者不會輕易妥協，甚至會更堅定的貫徹自己的信念，而這份堅強最終總能打動人心，引領公司革新。

人們總是會被抱有強大能量的人吸引，強大的能量就是磁力。情感越強烈的人，給予他人的印象會是開朗、充滿活力、積極、說話很有說服力。看到這樣的人，大家就會產生見賢思齊的心理，開始希望自己也能變成那樣、想要跟那類人一起工作，甚至還會默默替他加油打氣。

光輝國際在五十三個國家中都擁有分公司，不論是哪一個國家，我們一定都會問該國語言的「幹勁」要怎麼說。沒有什麼日語聽起來就是俗、英文聽起來比較厲害這種事。不論哪種語言，這個詞的意義都不會變。不論資歷多豐富、人品多高尚，沒有熱情就無法寄予期待。

「唯有夢想與野心才能燃燒工作魂。」放眼全世界，唯有這類人才能成就偉大事業，得到世人盛讚。賈伯斯即便逝世，他的一切仍為世人所津津樂道且讚揚，這也是因為他生前對事業所展現的強大熱情，感動了世界。

無論如何我都想獵到手的人才

各位是否知道「M3」這家公司？這是一家以經營醫療情報入口網站為主的優良公司。

該公司成立於二〇〇〇年，二〇〇四年就有股票上市；截至二〇二二年四月的市價總額竟然超過三兆日圓，日本國內市值總額排行第四十六名。

創立M3公司的谷村格，他也是一個滿腔熱血的人，也是我一直都很想獵頭的目標，可惜最終還是沒能獵到手。

故事得從二十幾年前說起。當時有一個由美商經營、以醫師為主要使用族群的入口網站 WebMD 想要進軍日本市場，於是委託光輝國際在日本尋找並挖角適合日本新公司的社長人選。當時軟銀的孫正義也會投入資本，參與設立 WebMD 日本公司。

他們對新社長的條件如下：

1. 對醫療界有深入了解。
2. 擁有網際網路商務的最新知識。
3. 具備進軍新市場的經營策略擬定、實際執行的實績。
4. 要有經營管理能力。
5. 與投資者及其他相關利益者能溝通協調。

6. 擁有強大的突破力與韌性，可以從零開始帶領企業成長。

客戶開出的條件清單越來越長，門檻也越來越高。然而從候選人的角度來看，這種由外商出資的新創事業，只要一個苗頭不對，何時會突然收手、宣布撤退，誰也說不準。再說得實際一點，就算真的有人百分之百符合條件，但其中又有幾個願意接受挑戰？

一般獵頭大概會這麼想，但是我不一樣。當客戶向我說明期望條件時，我的腦海中立刻浮現出一位非常明確的候選人，就是當時在麥肯錫公司（McKinsey & Company）負責醫療保健相關業務的谷村格，我也從其他來自麥肯錫的人士口中，聽到許多關於他的好評。

我很快就與谷村格取得聯繫，相約在某飯店的咖啡廳見面。見面之後我們稍微聊了一下業界發生的事，然後進入正題。

我一一說明了客戶企業的概要、目標、進軍日本市場的目的及戰略、客戶對新社長的期望條件等。在這期間，谷村格完全沒有打斷我，他不發一語，專心聽我說明，等到我全部結束，他才開口。

「妹尾先生為什麼覺得我適合呢？」谷村格這樣問我。

「恕我無法告知，這是企業機密。」

「這樣啊……也是啦。其實連我也覺得應該沒有比我更適合的人選了，您真的很厲害。」

「謝謝您的稱讚。這麼看來，您應該很有意願考慮這個職缺嘍？」

「不……說來也真是湊巧，我現在也正在規畫一個與這項案子幾乎完全相同的創業計畫。所以我比較希望能自己先闖一闖，若是生意失敗了，我會再拜託您讓我角逐這份職缺。雖然我已經聽完你的說明，但還是暫時先將我從候選名單中剔除吧。」

我的心情就像坐了雲霄飛車一般，先是被高高托起，然後急轉直下，但我怎麼可能這麼簡單就放棄。我設想了非常多情況，努力不懈想要解決所有可能會發生的問題，就是為了說服他。

然而，與谷村格談得越是深入，我就越感受到他對自己的創業計畫，抱有多麼強大的熱忱。到頭來，我反而要被他說服了。只要谷村格腦海中的願景真的能實現，不論是他自己闖蕩，或者透過我這個案子完成，都已無所謂。

當我向谷村格訴說未來的種種可能性，原本是希望能吸引他、讓他點頭答應，沒想在這途中，我反而才是被他吸引、為他著迷的那一面。

當時我一度差點說出：「我也想出資參一腳你的計畫。」但我畢竟還是有身為獵頭的尊嚴，終究還是忍住了。最後我放棄將谷村格列為候選人，這案子我推舉了其他人，最後也順利結案，當然，那位候選人也是一位非常傑出的領導者。

然而這個故事還有後續。

谷村格最後創立了M3公司，之後也打下了豐碩成果。

那麼，最先委託我獵頭的 WebMD 變得如何了？其實 WebMD 在幾經周折之後，最後被谷村格的公司買下，成為M3公司的其中一個部門，現在依然表現出色，而也因為這樣一段機緣，谷村格至今依然令我印象深刻。

他目前仍以董事的身分領導M3的營運團隊。還記得我在前面提到的嗎？他只花了二十年，就讓M3公司成為日本國內市值總額排行第四十六名的前段班企業。

谷村格所擁有的聰明才智、執行力、無與倫比的耐心與毅力，都為他帶來了莫大的成功，除此之外，還有一項關鍵要素，就是他那強大的熱情。我認為這樣的他，也是典型的壞小孩。

我相信當年他向出資者及工作夥伴所提出的創業計畫簡報，肯定就如同當初他向我簡報那般精彩又充滿魅力。每當他開始滿腔熱血的訴說自己的願景，都會讓人覺得彷彿已經能看見計畫成功的光景，然後不由自主的湧現熱切盼望，「想快點看到夢想實現」、「想跟這個人一起努力」。

想要創業的人多如繁星，但他的創業計畫能如此成功，我相信肯定是因為他擁有「讓大家看見夢想實現」的魔力。

玩樂也需要熱情

或許會有讀者感嘆：「我至今從未遇過任何可以讓我燃燒熱情的事物。」我從事這行三十多年，每次都以「充滿熱血的領導者」為目標；就我的經驗來看，真正擁有滿腔熱血的人，不管做什麼事都會全心投入。

他們會卯足全力工作，盡情痛快喝酒，也會認真享受與玩樂；有時看在他人眼裡，會覺得他們過於得意忘形，也因如此，處在傳統派的公司中，他們經常被認為是壞小孩，並且被踢出主流之外，但現在全世界最想要的，正是這些人。

真正的熱情，不是依附著某項事物而產生或消失。說得直白一點，一個本來消極無力的人，不可能會突然因為某件事，然後隔天就變得滿腔熱血又積極。熱情應該是深埋在身體裡、有如習慣一般的事物才對。所以，我會建議先從專注且投入熱情於眼前的事物，相信一定會出現通往「機會」的道路。

有一位後來成為某國際級企業的日本法人負責人的B先生。他在還是一名年輕職員時，曾被交付了一項工作：「公司的美國企業客戶派了四名幹部來日本出差，等他們結束所有工作行程後，我們打算辦一個小型餐會慰勞他們，這項工作就交給你負責了。」

年輕氣盛的B先生很快開始動起來。他下定決心，一定要讓那四位企業客戶的幹部，對這場派對留下深刻印象。

於是，B先生著手調查這四名幹部，發現當中職等最高的那位喜歡壽司。於是，他馬上決定去預約兼具美味與口碑的高級壽司店，但那家店的價位大大超出了預算，不過他並沒有就此放棄。

他做了一份簡報，向社長分析這次要接待的客人有多麼重要，說明有其投資價值，進而表示希望能大幅提高慰勞餐會的預算，最後B先生成功了。他甚至還認真閱讀幾本如「海洋雜學大全」這類厚重的書籍，充分準備了許多關於鮪魚、章魚、蝦子等食材的相關知識及趣味小故事，希望在餐會上可以炒熱氣氛。到了慰勞餐會當天，B先生的接待簡直完美無瑕，參會的氣氛好極了，四位幹部也心滿意足的回國。

半年後，公司收到該企業發來的郵件，上頭寫著：「這次輪到你們來拜訪我們公司了。請問B先生會一起同行嗎？如果他會來，我想帶他去吃這條街上最美味、最有名的牛排與派！」發信者正是當時那四位幹部中，職等最高的那一位。

把無趣的事做到有趣，別人就會想挖你

越是無趣的工作，你越應該投入熱情。

正因為無趣，你才可以照自己的意思去規畫、執行，就算失敗，也可以安慰自己學到了一個經驗，然後一笑置之。而且也不會有人對此抱持著強烈期待，所以當你做出非常優秀的成果時，眾人反而會更驚訝。方才提到的B先生主辦餐會的故事，事實上，自從那場餐會結束後，公司內部都對B先生刮目相看。

刻意以無趣的工作為目標，然後做出成果驚豔眾人，年輕人想要快速嶄露頭角，可以運用此方法。

不需要只執著於公司的主要業務，也不用因為自己被交付的工作不是重要項目而失望。不論你是什麼立場、什麼樣的職稱，只要你對任何工作都投以專注與熱情，就一定能做出成績。

B先生後來成為光輝國際的日本法人社長，而我就是B先生，這其實是我的真實故事。

我現在之所以能以作者的身分向各位分享，都要歸功於當初那件看似微小又無趣的工作。就連我都能辦到，相信聰明又有智慧的你一定也可以做。

沒辦法熱血又冷靜？找人幫你

一切事物始於熱情，任何偉大的工作都需要熱忱來推動。不過，光有熱忱還不夠，儘管它真的萬分重要，但有「熱」，也需要「冷」。

熱情帶來衝勁，而在衝鋒陷陣的同時，也不可缺少冷靜分析。光有熱血，很容易變得橫衝直撞，結果還不盡理想，甚至達不到目標。所以，你大可以將熱情傳播出去，讓身邊的夥伴更團結，但務必冷靜思考作戰策略。

話雖如此，但能做到冷熱兼備的人很少，該怎麼辦？很簡單，若你是壞小孩型的人，你只需要在身邊安排一個可以冷靜思考與分析的助手；反之，就讓自己成為壞小孩的幫手，以冷靜的頭腦輔佐他。例如我前面提過的例子，締造日航奇蹟的稻盛和夫與大田嘉仁；還有索尼全盛時期的盛田昭夫與井深大；本田汽車（Honda）

的本田宗一郎與藤澤武夫。滿腔熱血的經營者身邊，肯定會有一位頭腦冷靜的參謀，這個重點千萬不能忘記。

「對任何事物都要投注熱情。」有一個人，他的所作所為完全就是這句話的最佳寫照，他就是前澤友作。

前澤友作是日本最大的時尚購物網站「ZOZOTOWN」的創辦人，在十幾年內就成功打造市值超過一兆日圓的時尚電商王國。

「ZOZOTOWN」可說是改變了日本年輕人的購物行為。過去會前往各大百貨公司、站前購物中心等買衣服的年輕人，現在都覺得實體店面只是看衣服的地方，他們偏好在實體店面挑選、試穿之後，回頭上ZOZOTOWN網站下單訂購。

能擁有這樣的成績，當然非常驚人，但更讓我感興趣的，則是前澤友作卸任ZOZO社長職位後的各種活動。例如，他在推特上舉辦的「大撒幣」活動。

二〇二〇年，前澤友作在推特上發布「前澤發紅包企劃」的訊息，他將發出一百萬日圓的大紅包給一千名幸運兒，總金額高達十億日圓，但他表示這個活動其實是一個觀察「無條件基本收入」（按：指沒有條件、資格限制，不做資格審查，每位國民或成員皆可定期領取一定金額的金錢，由政府或團體組織發放，以滿足人民的基本生活條件）的社會實驗。

這場活動招來了各種批判與嘲諷。有學者抗議「這才不是什麼無條件收入」，而一般民眾多數也指責「這種行為很低級」、「沽名釣譽」，負面聲浪不斷，但前澤友作並沒有因此退縮。

另外，他於二〇二一年十二月完成了太空旅行，同時也是繼一九九〇年電視新聞記者秋山豐寬之後，睽違三十一年再度進入太空站的日本民間人士。

大撒幣也好，太空旅行也罷，這些看似想幹麼就幹麼的任性舉動，若是沒有足夠強大的熱情，根本不可能辦到。這種有如孩子般純粹、絲毫不在意外界眼光的熱忱，說明了前澤友作也是典型的壞小孩。

壞小孩領導者的思維特徵

- 表面浮躁，內心對工作充滿熱情。
- 盡情喝酒、全力工作。
- 身旁有個頭腦冷靜的人追隨。

第 5 章

壞小孩的生存之道，嗅覺得比其他人敏銳

大約在幾年前，我曾在電視上看過一幕難忘的景象。日本知名新聞節目報導了某大銀行倒閉。畫面拍到一位中年女性行員從銀行走出來，此時記者立刻湊上前詢問：「大家認為絕對不可能倒閉的大銀行，現在竟然宣布破產了，請問妳現在的心情如何？」

面對提問，女性行員如此回答：「我在這家銀行工作二十五年了，現在突然要我重新回到社會謀職，我也毫無頭緒。我不知道從明天開始要拿什麼養家，我到底該怎麼辦才好？」說著，行員抬起手，用袖口擦了擦眼角的淚水。一位女性用如此悲傷的口吻訴說著自己的遭遇，引起廣大觀眾的同情。

隨時隨地維持競爭力

畫面回到攝影棚，棚內主播對這段報導做出如此回應：「這位女性說的沒有錯，銀行的責任非常重大。員工們都有家庭要養，就這樣突然讓他們失業，他們很有可能會走投無路。這家銀行的員工們未來到底該怎麼辦呢？我深表同情。」我想，同樣看到那一幕的觀眾們，肯定九九%也都持同樣想法：「唉啊。真的是太可憐了。經營者要負起責任！國家應該要救濟這些員工。」

當時幾乎所有人都對這則報導非常有共鳴，但是，本書所提到的壞小孩，他們的情緒不會輕易隨著大眾起舞，甚至很有可能這麼想：「她在說什麼傻話啊？是她自己不求長進，才會搞到一失業就沒有其他地方可以去，她自己也要負責任吧？把錯全部推給大環境或公司，這也太奇怪了，**每個人都應該要維持自己的競爭力，充實專業能力，畢竟沒有任何人可以保證你永遠不會失業。**」

會說出這種話，不單單只是明白「任何一家公司都有可能倒閉」這件事，我認為還有可能是對生存之道的看法差異。

壞小孩的生存之道就是，絕對不會將自己人生的船舵交給他人。

沒有人該對你的人生負責

日本有許多大企業，至今仍持續用統一招募應屆畢業生的方式，來為公司補充新血。不過近年來，這種做法在各方面都被指出不少問題，例如無法適才適所、妨礙人才流動，尤其現代企業壽命不如以往長久，無法保證員工能做到退休。加上企業每年統一招募應屆畢業生，反而擠壓了轉職市場的成長，導致擁有資歷與專業的人才面臨不易換工作的困境。

上述每一項問題，我都非常同意，而在那套模式裡，還有一個更大的問題，就是它將「自己的人生交給別人掌舵」的價值觀，植入了職場新鮮人的腦中。

當一個大學生要開始找工作時，首先會把頭髮剪短、染黑，然後拜訪各家企業，填寫制式履歷表、接受筆試、數次面談，最後獲得工作。這個時候，幾乎每一個應屆畢業生都還不知道，進入公司後要做什麼樣的工作，自己會被分配到哪個部門？會待在總公司嗎？還是會去外縣市的分公司？

大多數的人都是這樣子進入社會，他們從一開始便不是由自己主動選擇工作，也認為這樣很正常，因為大家都一樣，所以之後很容易順從公司命令，即便職務異動導致工作內容驟變、因調職而必須改變居住地點，他們也唯命是從。他們完全沒有「自己的人生應由自己掌握」的概念與意識。

但事實上，你從事什麼職業，應該會是你人生中非常重要的課題。你被分配到會計部？還是業務部？這些對你的未來都會產生很大的影響，這種重要決策怎麼可以交給他人為你決定？

或許有些人會反駁：「公司都有依據每個人的能力來安排職位。」試問，一間公司的人事部，真的能看清每個人的資質與個性嗎？更何況，人的個性與能力會隨著時間而改變，即便公司自認在錄取的當下做了最適當的安排，但能保證未來都一樣適合嗎？社會環境也一直在變，今天的優勢，很有可能明天就變成劣勢。

在這個充滿不確定性的時代，最重要的事就是掌握自己的人生。自己的人生自己負責，那些讓全世界都夢寐以求的壞小孩型領導者，都選擇了這樣的生存之道。

不走他人鋪好的道路

有在外商工作過的人應該知道，當國外總公司的經營幹部決定來訪時，總是會引起公司內部不小的騷動。

我在十多年前就任日本法人的社長時，光輝國際總公司的執行長蓋瑞．貝尼森（Gary Burnison）為了慶祝我就任，決定要來日本一趟。這是何等重要的大事，我苦惱不已，因為他停留在日本的期間，要讓他跟誰見面，就是一大難題。

能讓他與經濟界多厲害的大人物見面，意味著我身為經營者有多大的面子與能力。話雖如此，我並不是特別有名的人，也無法提供什麼特殊商機，當然不可能想跟誰見面就跟誰見面，我也並不認為只要讓蓋瑞跟很厲害的人見面就可以完事。我比較想讓他跟一個跳脫傳統、勇於挑戰又有能力的新時代經營者見面。

幾經思量，我決定試著安排讓他與樂天創辦人兼執行長的三木谷浩史見面，結果意外順利。三木谷浩史非常熟悉國際商務，他早已聽聞光輝國際這間公司，因此當我提出邀約時，他很爽快答應。

當時我尚未擁有壞小孩型領導者的概念，但現在想來，他們其實也是這類型的人。果不其然，兩人見面之後意氣相投，聊得很愉快。

三木谷浩史擁有輝煌經歷，他畢業於日本一橋大學，之後進入日本興業銀行（現在的瑞穗銀行）就職。他是同梯中最快申請到公司公費赴美國哈佛大學

（Harvard University）留學的人，而他也在留學期間取得了ＭＢＡ資格。乍看之下，他應該是個優等生，不過，他似乎也認為自己就是我口中的那種壞小孩。

他國中時是個火爆少年，與優等生三個字根本沾不上邊，也沒有可以拿來說嘴的回憶或事蹟。這樣的他，在三十歲時離開了日本興業銀行，帶著兩名大學應屆畢業生著手創業。沒想到才僅僅五年，他就成為美國雜誌《富比士》「世界年輕富豪榜」上排名第六的傑出成功人士。

不走在他人鋪好的道路上，而是走在自己想走的方向，他的行為完全就是標準的壞小孩。

三木谷浩史在與我公司的執行長見面後沒多久，他就宣布退出日本經濟團體聯合會（經團聯）。

他在《日經商業》（二〇一二年二月二十日號）的訪談中表示：「經團聯這個組織，就像是護航車隊般包圍著日本企業，並製造許多假象來欺騙日本企業，甚至聲稱這些假象是『世界主流』。」是否贊同這個論點是各位的自由，不過，三木谷浩史並不只是單純離開而已，為了貫徹自己的理念，他創立了「新經濟聯盟」這個新團體。這份執行力，正是只會出一張嘴的人與壞小孩間最大的差異。

三木谷浩史的言行舉止，完全是「自己的人生自己掌舵」的最佳範例。支持著他那壯闊願景的「樂天經濟圈」，轉眼之間其勢力範圍又變得更加廣大。他特立獨行的作風，最終卻為整個日本帶來豐碩的果實。

比起討好他人，你該先討好自己

「為自己的人生負責」，就是人生道路要由自己開創，靠自己的力量生存下去。比如工作，工作是為了能讓自己溫飽、要對社會有所貢獻，但對壞小孩來說，更重要的是讓自己開心。

一些商業書籍會寫「要對社會做出貢獻！」但是本書提到的成功者們，先不論當事人是否有自覺，他們全都以「讓自己開心」為優先前提做事。

這些才華洋溢的壞小孩型領導者，是否對他人擁有自我奉獻精神？完全不。他們只專注追求自己想做的工作，然後拿出超乎想像的成果，至於世人稱讚他們有才幹，也只是因為他們最後有交出成績。

這裡舉一個最典型的例子，維珍集團（Virgin Group）創辦人理查．布蘭森（Richard Branson），他不管做什麼，都以自己是否感興趣為優先，不過一旦開始，就會貫徹到底，這是他的原則，從不動搖。而他傑出的成績，讓他受到廣大英國國民的喜愛。前英國首相柴契爾夫人（Maragaret Hilda Thatcher）對他讚譽有加，黛安娜王妃（Princess Diana）等王室成員也與他交好，說他是英國的英雄都不為過。

不過，我想他本人應該不怎麼在意世人的評價。他只是做他想做的事，頂多只會覺得：「我的評價上升的話，要做其他事業也會變得更容易。」

他接受女王冊封為爵士之後，透過「維珍銀河」（Virgin Galactic）這家公司，積極的想要實現太空之旅的夢想；想必是他難以忘懷當初搭乘熱氣球環遊世界一週的感動吧。

壞小孩典範，維珍顛覆學

理查．布蘭森出生在一個位於倫敦郊外的上層中產階級家庭。十七歲時，從知名高中退學，隨即創辦了以學生族群為目標的雜誌《STUDENT》，這可說是他創業人生的起點，他也因此體會到做生意、賺大錢的樂趣。

透過創辦雜誌，嘗到創業成功的美好滋味後，青年理查接著發揮他身為音樂宅男的熱情，開始了二手唱片的郵購事業。一九七三年創立維珍唱片（Virgin Records）。

加入維珍唱片的歌手、音樂人們，以現在的眼光來看，其陣容也是非常豪華。例如性手槍（Sex Pistols），雖然他們發表的歌曲再三遭到禁播，但是對流行音樂帶來極大影響力；才華洋溢的LGBTQ（按：女同性戀者〔Lesbian〕、男同性戀者〔Gay〕、雙性戀者〔Bisexual〕與跨性別者〔Transgender〕、酷兒〔Queer〕的英文首字母縮略字）喬治男孩（Boy George）所領軍的文化俱樂部（Culture Club）樂團，可謂風靡一時；前衛搖滾才子麥克．歐菲爾德（Mike Oldfield），他的出道處女作成為經典恐怖電影中《驅魔人》（*The Exorcist*）的配樂，一舉成名。這些輝煌事蹟就像開創了新時代一般精彩，而這就是理查．布蘭森堅持做自己喜歡的事的成果。

他並沒有就此停止行動。他希望不分晝夜都能飛往世界，並且享受理想的航空服務，於是創辦了維珍航空（Virgin Atlantic Airways）；因為想要挑戰市占率之王，於是他建立維珍可樂（Virgin Cola），其他例如維珍電影院（Virgin Cinema）、維珍媒體（Virgin Media）等，理查．布蘭森可說是最為響應前英國首相柴契爾夫人民營化政策的人了。

關於理查．布蘭森，還有不少有趣的傳聞。

據說他在經營維珍唱片的時期，當時星探部門裡有一名員工偷了公司大量的唱片，轉賣給當地的二手唱片行，理查．布蘭森接獲通知，把那名員工找來問話。那位員工承認自己犯下的罪行，但是理查．布蘭森居然沒有解僱他，反而對那位員工說：「任何人都有犯錯、失敗的時候，我希望你能從失敗中學習，然後在你最擅長的工作，也就是挖掘新人這方面，可以有更好的表現來將功贖罪。」

後來，這名員工挖掘了文化俱樂部（Culture Club），這個樂團讓維珍唱片成了一九八〇年代維珍集團旗下最賺錢的事業之一。

理查．布蘭森在自己的著作《維珍顛覆學》（*Like A Virgin*）中這麼寫道：

維珍的中心思想「The Virgin Way」，就是「真心投入、樂在其中」，並且絕不輕易妥協。當你有了想做的事情，你對它投入全部的熱情並享受當下的每一個瞬間，這種興奮感（或者說成就感）無法靠外力強制或刻意訓練取得；工作手冊或任何說明書裡當然也找不到相關內容。因為這是心靈層面的東西，是「心的活力」。我相信它存在於每個人的DNA，唯有靠自己從內部覺醒，才能發揮作用。

理查．布蘭森就是一個凡事以自己開心為首要、眼中只有自己的人。別人的幸福、對社會的貢獻等，都是次要的東西。

向外部學習，提升工作戰鬥力

我們該怎麼做，才能讓自己變成像理查．布蘭森那樣的人？

首先，由自己決定人生方向及職涯，在光輝國際，我們稱這種人才為「自律型人才」，靠著自己的意志與想法來付出努力，並提升自己的市場價值，這是很重要的一點。至於如何提升，坊間已有許多書籍撰寫，我便不贅述。

那些能成功的自律型人才，他們的共同點就是會向外部學習，藉此提高自己的戰鬥力。在我剛踏入這個業界時，曾發生一件讓我很懊悔的事，至今想來我還是會覺得自己當時實在太失態了。

某外資企業委託我們：「我們打算擴大日本地區的事業規模，因此想要挖角高階經營幹部層級的人才，有勞貴司協助。」公司接受委託，並由我負責協助找尋。

當時我找到的目標人選是一位四十多歲的男性，他在客戶的競業對手公司裡擔任要職，資歷與實績也很亮眼。這位人選頭腦聰明、誠實、溝通能力佳，我認為他一定很適合，於是充滿自信的推薦給客戶，沒想到結果不如人願。

我推薦的人選到職以後，不僅沒有做出眾人所期待的成績，甚至在幾年之後就離開了客戶的公司，事實上，他應該是被資遣。

他的問題在於欠缺適應新環境的能力。面對新的職場，他無法拋棄既有觀念與做事的習慣，儘管他本人似乎也有自覺，但無論如何就是無法接受新觀念、新的工作方式。其實，當初在將他列入候選人名單時，我有注意到一件事——他之前從來沒有換過工作，這也是我當時唯一有所猶豫的點。

以足球來比喻的話，他就像是一直以來都只有在J聯盟裡踢球、在J聯盟裡成績還不錯的足球員；但是滿懷自信加入歐洲球隊之後，卻完全沒有發揮應有的表現，這絕對不是他的能力比別人差，關鍵在於他缺乏快速適應新環境的能力。

在歐洲球隊也有活躍表現的足球選手長友佑都曾說：「有能力的選手最好儘早出國，去體驗截然不同的足球環境與磨練球技。」我完全同意這個論點，這道理其實跟我前面提到的鮭魚理論相同。

我並非盲目鼓吹大家換工作。實際上，轉職也罷、海外赴任也罷、轉調到同集團下的其他事業也可以，向外部學習的方法多得是。它的本質就是要讓自己習得適應新環境的能力，並從中培養出更多元的專業技能，因此我認為越早開始跳脫舒適圈越好，如此才能提高自己的能力與市場價值。「自己的人生自己掌舵，絕不輕易放手」，這是你在這個世界求生的最強武器。

純血主義已過時，你得換公司

雖然這已經是好幾十年前的事情了，但它真真切切發生過。

當時正值大學畢業前夕的我，想說凡事都要去體驗看看，所以參加了某間公司的應屆求職招募說明會。說明會上，人事負責人先介紹公司的沿革與概要之後，社長針對公司的文化與風氣，說了這句話：「我們公司堅持『純血主義』原則。」

剛開始我並不了解這句話是什麼意思，是指畢業於一流大學？還是指身分要是日本人？無論如何，這個名詞讓我聽了很不舒服。繼續聽下去，我才終於搞懂，原來純血指的是，應屆畢業生完全沒有接觸過其他家公司、業界，以白紙狀態進入這家公司，從頭到尾都只知道這家公司的文化，如此從一而終的員工就叫做純血。

這種文化與當今社會的商業環境可說是相去甚遠。現在要成立一家公司或組織時，除了思維、觀念之外，還會強調性別、經歷、學識、出身、興趣、國籍、語言等，越多樣性越好。

這是非常實際的商業利益問題。俗話說「三個臭皮匠，勝過一個諸葛亮」，當發生問題時，越多擁有不同背景的人一起討論，越有可能找出解決方法，或者是要研發新產品時，針對產品所提出各種不同觀點，有助於開發出更好的商品。

舉例來說，要開發一款新型汽車時，若是成員中有孕婦，她很快就能察覺這樣設計對寶寶會不會有危險；若是成員中有其他國家的人，他一定會建議使用說明書不能只有日文。多樣化的人才聚集，才能讓討論更多元，做出對消費者更好、更適合的商品。

因此，那些重視純血主義的公司真的過於封閉。若有一百名讀者看到這裡，肯定都會這麼想。但是，如果你尚未換過工作，也從來沒有跳出舒適圈，沒有現職以外的經歷與體驗，你的價值觀很有可能已經染上純血主義的色彩。

一直都待在同一個環境、只擁有唯一一種經驗的你，其實就跟那些公司一樣，你的世界裡不存在多樣性的概念。即使我們能客觀的去審視公司，但是要以相同標準審視自己其實很難，正因如此，我們才更應該好好問自己：「我是否具備多種不同經歷、是否可以很快接受多種不同的價值觀？」若你的答案為否，我建議你快點跳出舒適圈。

想在一家公司待到退休？公司沒你這麼長壽

當年在說明會上直言堅持純血主義的那家公司，現在怎麼樣了？不論我怎麼搜尋，都無法在網路上找到它的資料。有可能是改名，又或者被其他企業併購，若非如此，這家公司基本上可以算是消失了。

當然我不能只以一家公司就評斷所有，但是，以競爭力的角度而言，不論公司或個人，想要脫穎而出，就得重視多樣性。在現在這個社會，我建議你要有一個認知：不論你是否願意，你遲早會要換工作。

假設目前的應屆大學生出社會時是二十二歲，他的退休年齡很有可能是七十歲

（甚至更高），這麼一來，平均就業時間則會長達五十年。你能想像自己在同一家公司做五十年嗎？

大部分的日本企業確實很長壽。金剛組是全球最古老的企業，從西元五七八年就投入寺廟建築事業（按：二〇〇六年一月宣布清盤後，資產由高松建設接管。現為高松建設的子公司），另外，日本也是全世界擁有最多百年企業的國家，其比例高達四〇％，這點確實很值得日本人驕傲，但是，我不會因此就說所有的日本企業都很長壽。

關於企業平均壽命的基準是什麼，這一點眾說紛紜，我就先以《日本經濟新聞》的「公司的平均壽命為三十年」論點來當基準。

假設就業時間長達五十年，就算你從公司起家開始做到公司結束，那也才三十年，還差了二十年，你至少還得再去另一間公司上班，也就是說在你的職涯裡，你至少會待過兩間公司。即便公司不破產、倒閉，仍有可能發生人事整頓、併購、裁員等讓你不得不換工作的情況，你勢必會走上轉職之路。

反正結果都是要換，誠如足球員長友佑都所說，越早開始越好。比起逼不得已、被迫接受，還不如讓自己擁有更好的條件，前往更優質的工作環境。提高自己的市場價值，就能找到更好的工作。

想想本章節開頭，那位經歷銀行破產的女性行員在鏡頭前所說的話，若是她能早一點領悟這個道理，或許她就不會淪落到在鏡頭前哭訴這般窘境了。

壞小孩的嗅覺比其他人敏銳

最後我想告訴你，讓自己常保提高市場價值的意識，以及隨時做好準備換工作，這兩件事會為你帶來很大的好處。

這兩件事能讓你的目光看向外界，你可以用客觀角度審視自己所身處的環境以及自己的狀態，如此一來，你就有可能更早察覺自己所待的公司或業界，是否出現了危機徵兆。更進一步，你還能察覺哪個業界或領域在未來擁有成長性、是否會有更好的發展。

簡而言之，你會對大環境的各種變化徵兆更敏銳，而壞小孩們也絕對不會浪費時間在公司倒閉，或者慘遭解僱時哭泣，因為他們會知道哪裡有危險、哪裡有好機會，他們擁有這種「嗅覺」。

我這種寫法或許會讓人感覺很投機取巧，但沒有這種嗅覺的人，絕對成不了領導者。要能培養出這種能力，都來自於「自己的人生自己掌舵，絕不交由他人」的人生價值觀。

壞小孩領導者的思維特徵

- 走自己要的路，不走他人鋪好的。
- 主動換工作，維持競爭力。
- 願意向外部學習，培養多樣能力。

第 6 章

認人不認位，光有頭銜很難服眾

我必須再三強調，我真的很愛日本，對於日本自古以來流傳下來的許多傳統，我其實都抱持著敬意。

例如茶道，那洗練又優雅的舉止、講究的禮儀，可說是日本人引以為傲的傳統文化之一。

但是，近代才出現的新禮儀規範，其中有些做法讓我很想提出質疑，尤其是電子郵件的開頭署名。

每次我收到日本大企業所寄出的郵件，開頭收件人稱謂大概會像這樣子：

Korn Ferry Japan 股份有限公司　特別顧問

妹尾輝男

我只是個顧問，字數就這麼多了，我還看過公司名稱加上隸屬部門名稱等，每一個層級都要列出來，看起來慘不忍睹，就像這樣：

●○○股份有限公司　××事業部　△△部　□□課　＊＊組

●實際編輯郵件、輸入時，還要小心不要打錯字，簡直是徒增麻煩，光是要打收件人的稱謂就覺得好累。這套禮儀規範除了徒勞之外沒有任何意義，電子郵件誕生至今也不過才數十年，絕對稱不上是什麼歷史悠久的禮儀，所以，我認為應立刻停止這種不合時宜又毫無意義的做法。

能力比職銜更重要

我認為這套電子郵件的稱謂規範，恰好反應出日本人固有的毛病，也就是比起收件人本人，更重視對方的職稱或頭銜。

過去，日本企業非常看重職稱與頭銜。你是管理職或一般員工？隸屬於○○部門還是××部門？很多時候別人重視的不是你這個人，而是你的職位、身分，別人眼中甚至只看得見你的頭銜。

在以前，我認為這個做法算合理，畢竟環境變化少，制式化的工作多，在這種背景下，認職位不認人自然變成主流。就算原本待的人離開了，只要那個職位能正常運作即可，這就是過去時代所留下來的陋習。

然而，我在本書中再三強調，時代已經變了。現在制式化的工作正在減少，所剩不多的工作機會又有可能被ＡＩ取代。到最後，人類可以做的工作，只剩下跳脫傳統又具前瞻性的非制式化工作。

職稱與頭銜對於那些既不傳統、也不制式化的工作毫無意義，因為真正重要的是從事那些工作的人。所以，不要再只會看職位與頭銜了，對於自己與他人皆一視同仁，認為彼此都是對等的夥伴，保持正確的心態最重要。

可惜的是，擁有這種正確價值觀的人，目前在日本仍被貼上負面標籤，對主管說話口氣輕浮、直接反駁客戶、在公司聚餐時舉止粗俗——他們因為這些理由慘遭冷凍、不被重用，而這種作風老派的公司，至今依然存在。

事實上，那些慘遭冷凍的人，或許很有可能擁有領導者資質。為什麼我會這麼說？因為這種一視同仁的思考方式，正是一個領導者必須擁有的能力。

主管與部屬，認人不認位

你認為部屬為什麼願意追隨你？如果你的答案是：「因為我是主管啊，部屬追隨主管很理所當然吧。」代表你沒有跳脫框架，仍用認職位不認人的心態在看待對方與自己。這個問題真正的含義，是你與部屬之間建立了什麼樣的往來關係。在歐美許多國家的職場，他們的觀念是人人平等。我在本書開頭提到，公司的人都稱呼我TERRY桑，這正是認人不認職位的最佳寫照。

在日本企業裡，擔任社長的人會被稱為社長，但我成為日本法人的社長時，從來沒有被同事這樣稱呼過，即便我現在身為特別顧問，公司同仁還是像以前一樣叫我TERRY桑。這種差異從何而來？說得誇張一點，我認為可以追溯到國家的歷史發展。

日本自古以來是農業民族，既不需要大規模遷徙，生活也少有劇烈變動。唯一的巨變就是天災。但天災這種東西，不可能只靠領導者一個人的力量就可以擺平，當時人們普遍相信氣候是神明掌管的領域，例如長期乾旱，就必須舉行祈雨儀式來平息神明的憤怒，為此，領導者則必須由近似於神的人擔任，也因為這樣，導致人們很重視血統與家世。

領導者是近似於神的人，部屬當然沒有權力說三道四，因為追隨領導者乃天經地義之事，身為部屬，當然要順從，沒有第二句話。就這樣，領導者與部屬之間產生了上下關係，這種階級觀念至今仍深植於日本人的內心。

另一方面，遊牧民族會四處遷徙，當現在所待的地方再也捕不到獵物時，整個團體就會攜家帶眷前往下一個地方。即便是獨立戰爭時期前後的美國，當時的人們也時常大規模遷徙。從歐洲移動到大陸的東海岸，甚至再繼續往西遷徙。想要過上更好的生活，除了往西移動，別無他法。

但是前方等待著眾人的是嚴苛的大自然。往這個方向走真的正確嗎？大家接下來真的能過上好日子嗎？太多未知的不安圍繞在眾人身邊，光抱怨也於事無補，於是眾人聚在一起煩惱，結果自然會產生一名領導者。

團體成員見證領導者的資質，認同這個領導者之後，就會追隨他的決定。若是成員們後來發現這個人不適合，領導者便會換人做。也就是說，領導者不過只是一個角色，與部屬之間沒有硬性的上下關係。

你不能認為部屬就該照自己的意思行動，身為一個領導者，你必須有激勵人心的自覺才行。

領導者能否做到這一點，最顯著的差異在於是否經歷過專案型組織（Project Organization）的洗禮；尤其近年來，這在許多國際級大企業間，已經成為主要工作模式。

想激勵人心，主管得動口也動手

至今我見過非常多日本人跳槽到擁有專案型組織的大企業任職，結果無法完成身為領導者應盡的職務，慘遭辭退。

這裡所提到的專案型組織，指的是公司從各個部門挑選成員，根據負責專案而組成專案小組，直到專案完成後就會解散，因此小組成員至少會擁有兩名主管：一個是自己原本隸屬部門的主管，一個是專案小組的主管。

身為專案小組的領導者，在這種時候首先該做的事情是，根據負責內容來挑選適合的成員，並勸誘他們加入小組。要怎麼勸誘？最常見的方式是，向對方介紹你對這個專案的未來發展與期望，能做到這一點，就會吸引到優秀成員。

專案型組織的領導者所要面臨的困難不只如此。就算順利成立專案小組，這些優秀成員也並非完全隸屬於這個組織，他們很有可能身兼數職、加入複數的專案小組，還有他們原本隸屬的單位。如何將他們的力量全數引導至自己的專案中，就看領導者有多大的本事。

在這種類型的組織中，若是只會倚靠職等的上下關係來發號施令，肯定不會有人願意配合，尤其身兼數職的成員，恐怕還會用「其他專案的主管也有交代工作給我」當成理由來推三阻四，這就是為什麼領導者必須擁有無關權威的影響力。

聊願景、聊希望、經常稱讚成員、不時給予鼓勵。想要激勵人心，領導者自己必須動口也動手。試想一下，這就像是聚集了一批才氣縱橫的藝術家，而身為製作人的你，必須巧妙引導他們來為你完成任務。

對於那些舊時代威權型領導者來說，要忽視自己所擁有的權勢與對方的立場，是他們想做也做不到的技能。

我們是夾在中間的小豬

儘管我說了這麼多，應該還是會有人覺得切換既有的價值觀很困難。對此感到困擾的人，我希望你們可以記住這句俚語：「piggy in the middle」（左右為難的人），直譯就是「在中間的小豬」。

沒錯，我們所有人都一樣，上有主管、下有部屬，所以我們都只是處在兩者之間、不停嘎嘎叫的小豬。

「才不呢，執行長的話肯定就不是這樣了吧，他只要坐在那裡聽底下的人報告就好了。」若你真的這麼想，那也太天真了。即便是執行長，他還是有名為「股東」的頂頭主管。

擔任社長或執行長職務，會給人一種升官的感覺；但實際成為社長或執行長的人，反而覺得是件苦差事。當上社長或執行長，就得承擔公司內部各種抱怨及不滿，同時還得經常被股東及投資分析師恐嚇。處在這個位置的人，完全就是「piggy in the middle」的最佳寫照。

不論是自己或對方，所有人其實都是「piggy in the middle」，因此自己的職稱及對方的立場其實一點都不重要，只要想著「我們都是小豬」，舊時的威權主義價值觀就會漸漸淡去。

這種思考方式不只能打動人心，在其他方面也有意外功用。

能包容不同意見的團隊才會強大

在我漫長的職涯中，我見過非常多位持續成長、從不停止進步的壞小孩型領導者，先不問成名與否，他們皆有一個共同點——他們很喜歡與自己唱反調的人。當聽到有人提出與他們相反的意見時，他們會表現出「為什麼你會這麼想？快告訴我！」這類與眾不同的反應。

傳統大企業社長總是無視反對意見，也不會聽取和自己不同調的言論，但是壞小孩型領導者，他們會高度關心不同意見，例如，當他們說：「我無論如何都想推出這項產品！」此時底下有人反應：「那種東西絕對不會賣啦！」這時他們一定會反問：「為什麼你會這麼想？」然後追根究柢，因為他們知道這樣離成功更近，也可以說是他們充滿自信的另類表現。

正因他們對自己很有信心，所以可以很從容的認為：「我的想法絕對不會有錯，但既然你都這麼說了，我就姑且聽聽看，再評估是否採納。」反過來說，若你認為自己很偉大，反而展現不出從容、大度，結果可能讓你錯失很多重要情報。當團隊成員了解到領導者很歡迎反對意見，整個團隊都會變得更加積極。

將「piggy in the middle」這句話放在心上吧。當你改變自己的思維，你就可以期待團隊的業績出現驚人成效。

壞小孩領導者的思維特徵

- 不在乎職稱、頭銜。
- 想要激勵人心，必須動口也動手。
- 願意接受反對意見。

第 7 章

海外派駐收穫多，你該多闖闖

若要問我有什麼興趣，我一定秒答閱讀。只要花費數千日圓，就能了解一個人（作者）的人生經驗與思維；只要花數小時，就能體驗作者的經歷、共享他的知識，因此只要有時間，我都會跑去書店，即便我人在海外也一樣。

到國外出差時，也一定會排出時間去看看當地書店。我認為書店就像是一個國家的文化面貌，當地人們對哪些東西感興趣、多數人的思維是如何，只要逛書店就能知曉。

知識與價值觀，不能與世界脫節

我很慶幸自己能閱讀英文及日文，儘管這讓我在英語系國家的書店裡買太多書，但若是我在外國書店看到某本暢銷書，且在日本也很暢銷時，當下就會有種自己與這裡的人擁有相同知識的喜悅。就算去了非英語系的國家，看著書店裡並排成冊的書籍們，也會被激發出難以言喻的好奇心。

不過，當我環遊各國的書店後，我發現日本書店裡，本土書籍的數量壓倒性的多，不論是小說類、商業類、工具書等，全都一樣。雖然我並沒有查到確切數據資料，但以我個人感受來說，日本書店裡陳列的書籍，應該有九〇%都是日本人寫的，全世界大概也只有美國跟日本這兩個國家是這樣吧。

就連擁有強烈獨特文化的法國、德國、義大利等國家，書店裡至少也有將近一半是翻譯書，中國書店裡也有大量翻譯書，至於英國，雖然鮮少有翻譯書，但書店會向美國購買販售權，直接引進美國書籍來販售。

如果用正面角度來解釋的話，可以說因為日本本身已經擁有非常獨特且豐富的文化，但反過來說，這也代表日本的知識及價值觀與世隔絕，甚至脫節。日本的手機市場正是如此。日本原本就有技術，市場人口也多，所以廠商從一開始就只針對日本國內市場製作手機，不在乎做出來的商品是否符合國際潮流。所以日本的手機根本不可能成為國際標準規格，甚至脫離國際市場。

日本人的知識與價值觀也有相當嚴重的「加拉巴哥症候群」（按：在孤立的環境下獨自最佳化，進而喪失和區域外的互換性，最終陷入被淘汰的危險）。我不能說這百分之百都是壞事，全世界最古老的小說是日本的《源氏物語》，它比莎士比亞（William Shakespeare）還早了六百年誕生，甚至擁有文學頂點般的崇高地位，但現實中，幾乎全世界的孩子都是透過莎士比亞的小說來學習國語文學。

全世界知道莎士比亞的人肯定不在少數，但又全世界有多少人知道《源氏物語》呢？恐怕連一％都不到。

那些罹患加拉巴哥症候群的菁英們

身為光輝國際的人力資源諮詢顧問，我經常與企業經營者會面，傾聽他們對人力資源的擔憂並提出解方，其中最讓他們煩惱的就是國際化。

原本日本企業大都只專注於本國市場，他們只要致力提高自己在日本的市占率就足以獲利。但是，現在消費者需求多樣化，人口也在持續減少，只靠日本市場的業績，已經無法讓企業獲利，他們不得不走出去。

企業邁向國際化的第一步，就是海外事業的經營管理，這可說是賭上企業壽命的關鍵企劃。

多數日本企業會選擇讓內部菁英分子擔任此大任，這些菁英大都頭腦清晰、資歷亮眼、對公司高度忠誠，他們也知道若能在海外做出成績，自己就能成為同輩中最早飛黃騰達的人。可惜，這些擁有「加拉巴哥症候群」的菁英們，大都無法在海外事業這塊取得好成績，幾乎都慘敗收場、黯然回國。

此時，經營者們就像走入了死路，他們想著：「連菁英都無法經營好海外事業，那還能指派誰去？公司內根本沒有適合的人才。」這時，有不少企業會求助我們這些獵人頭業者。但當日本企業提出對象僅限於日本人時，我就知道這家企業的國際化注定會失敗。為什麼？因為能勝任領導企業國際化的日本人才少之又少。

我認為要能成功領導企業國際化，必須具備兩項能力，一項是英語能力，原因應該不用多加解釋；另一項是人格特質，由於這項能力相當難以培育亦相當稀有，接下來我會針對這點加以說明。

說清楚自己的要求，然後堅持

大家常說「西方人重視邏輯，日本人沒有邏輯」，但我並不這麼認為。西方人只是很清楚自己想要什麼，並對此非常堅持罷了。這方面其實跟亞洲人、中東人、中南美人、非洲人並沒有什麼分別。

西方人會用一種乍聽之下充滿邏輯的方式說話，但充其量只是為了掩飾他們那以自我為中心的真正動機。

我認為西方人其實無法有邏輯的解釋日常生活中常見的現象。例如，當你問他們：「天空為什麼是藍色的？」能用光線的波長及反射理論來回答你的人，應該比日本人還要少。只不過，當要表達自己的意見時，西方人很明顯會比日本人更懂得利用邏輯論述，這全源自於他們強烈重視自己的需求及想法。

如果是在美國，小孩子會一直說我想要（I want it）或我喜歡（I like it），來要求父母完成自己的需求；稍微長大一點後，就會講「我想要這個，因為……。」（I want it because....）這種加上原因的說明方式，就是邏輯論述的第一步。

就算被父母拒絕或斥責，美國的孩子也會反問為什麼（Why），父母也因此會仔細向孩子說明拒絕的理由，我認為這點值得學習。當然也是有懶得解釋的父母，這時他們就會說：「因為我說不行就是不行。」（Because I say so.）

上述這些內容，其實跟真正的邏輯養成沒有關係。也就是說，其實西方人所謂的邏輯，也不過只有這種程度而已，像科學家那樣能說出精細邏輯理論的人反而是少數。

我想要表達的是，在國際商務場合交涉時，如果不能清楚說出自己的要求，並強烈堅持、爭取，便談不成任何事情。這點或許大家覺得很理所當然，但多數人都辦不到。

堅持自己想要的、面對討厭的事物就毫不掩飾的討厭、因為我說不行就是不行，這種態度正是日本企業最敬謝不敏、難以應付的。懂得看場合、看臉色、要懂得妥協並揣測上意……這才是日本社會及企業的文化。

不管你多努力練習交涉技巧，對於那些從小就善於表達自己意見、堅持自己需求的人種來說，你根本不是他們的對手。

對日本人來說，國際商場上的交涉，就像是一場高難度談判，但對西方人來說，他們早已習以為常，因為這跟他們在日常生活中，明確表達及堅持自我意見沒有兩樣。

最近在探討客觀事實與主觀見解的文章中，會頻繁的使用「Fact」（事實）這個單字。

優秀領導者在商議時，必須能明辨哪些是客觀事實，哪些是當事人的主觀見解，但是，並非所有商業決策都能百分之百以客觀事實評斷，尤其是在這個激變的時代，要判斷事實與否可沒那麼簡單。

當事人說出：「我相信這個一定會大賣。」對他來說，這就是一個事實，可是通常沒憑沒據，也沒有足以採信的數據或資料。說到底，人們往往也沒有多餘的時間去蒐集客觀資料來當成證據。

效率是品質的其中一環，因此有必要迅速做決定，這時對西方人來說，「我想做這個」、「我喜歡這個」，這種個人喜好就是他們心中無可撼動的事實。例如，「納豆對身體很好」這句話不能算事實，只能是見解，究竟是否真的對身體很好，取決於研究或調查結果。然而「我喜歡納豆」這句話不需要任何研究或調查佐證，對說出「我喜歡納豆」的當事人而言，這就是事實。

說得直白一點，當一個人認為自己的喜好就是絕對真理，不論何時都能充滿自信、堅持以自己的好惡為基準，不覺得這其實是一件很厲害的事嗎？

西方人從小就被教育要好好說出自己喜歡什麼，例如柳橙汁與可口可樂，一定要說清楚自己喜歡哪一個，他們沒有「都可以」這種答案，不論在家裡或在學校，大人們都會要求小孩必須說清楚自己喜歡或想要什麼。

「我喜歡這個。」這句話本身就是事實，任何人都有權利講這句話，西方人從小就是被這樣教導長大的。在這種環境下，他們的自我肯定感高得不可思議。

日本人在面對西方人（有時候也包括中國人及印度人）時，往往都會被他們謎樣的自我肯定感給震懾，我認為是成長環境大不同所導致。

你得有稜角，別人才會尊重你

- 能清楚說出自己的要求，毫不動搖。
- 「我說了算。」就是最充分的理由。
- 重視自己的好惡。
- 自我肯定感高。

西方國家常見這些人格特質，因此在國際商務場合中，亞洲人完全不是這些人的對手，畢竟亞洲傳統型菁英，拿這些眼中只有自己、態度強勢的人種一點辦法也沒有。

有沒有發現這四項人格特質，跟我所說的壞小孩非常接近？沒錯，以這方面來看，西方國家的普通人，其實都很接近壞小孩。而日本企業始終無法順利國際化，原因就出在這裡，在壞小孩群聚的生意戰場上，傳統派模範生當然沒有勝算。

既然如此，那就把企業國際化的任務，交給這類人負責就好啦？可惜的是，亞洲企業一直以來都沒有重用壞小孩的文化，沒有這種文化背景，自然也無法孕育出這類人才。即便有人原本就擁有這類素質，也會被社會磨去銳角，而沒被磨掉的人，也進不了社會主流。

這就是一個惡性循環。

為了企業國際化而抱頭苦惱的經營者們，都應該立刻正視這個事實，想要與海外猛將對戰，必須盡快培養優秀的壞小孩型人才。

英文不好沒關係，語帶感情就動人

有人會問我：「英文能力不重要嗎？」這還真的不是什麼大問題。

首先，在職場上需要的不是學術研究等級的英文，而是英語會話，而最有效率的學習方式，就是讓自己處在只能用英文溝通的環境。

實際上，壞小孩類型的人大多在學生時代就有過當背包客的經驗，他們會毫不猶豫投身至完全陌生的環境，甚至還會因此感到興奮及喜悅。他們不在乎自己的語言能力優劣，熱衷於與外國人進行文化交流，這讓他們覺得刺激又有趣，樂此不疲。這些特質，都能有效幫助他們學習外語。

他們如此適合學習會話的原因還有一個，就是投入感情，這有助於向對方傳達意思。初學者經常疑惑：「明明我的單字及文法都沒錯，發音也正確，為什麼對方就是聽不懂？」因為新手在用說話時往往不帶情感，只是照本宣科。

不論哪種語言，當一個人說話不帶感情時，對方無從判斷你是高興還是傷心？是快樂還是憤怒？當聽者搞不清楚說話者的情緒，自然無法專注在內容上，而情緒與口氣不一致，也會導致無法順利溝通。能坦率表達自己情緒的人，英語會話能力也會變好。

在職場上，表達情緒的技巧也很重要。

李奧納多．狄卡皮歐（Leonardo DiCaprio）主演的電影《大亨小傳》（*The Great Gatsby*），他在戲中有一段臺詞：「我很高興能跟日本人做生意，因為他們談的金額很大；但他們對我的笑話總是毫無反應，一點也不有趣。」

壞小孩會很直接的表達出情緒，這看在日本人眼中就是不懂謹言慎行，但就學習英語會話的角度而言，卻是相當有利的優點。

不管講真話還是客套話，都要微笑

傳統菁英在面對國際化而倍感壓力的原因，在於真心話與客套話的切換時機。相信大家都聽過，日本人講話分真心話與客套話，所以日本人說的話不可信。但其實西方菁英講話時也會這樣分，而且教育程度及地位越高的人，切換自如到令人嘆為觀止的程度。

例如，法國總統馬克宏（Emmanuel Macron），他能站在人前滔滔不絕講好幾個小時的客套話，等回到座位時卻脫口說出真心話，令周遭人笑出聲；反之，日本傳統型菁英其實很不擅長切換，甚至常常將西方人的客套話（例如減碳政策）過度當真，結果讓自己蒙受損失。

面帶笑容、長時間說客套話，對認真做事的人來說很有壓力，但對壞小孩則否，因此在與全世界的菁英們過招時，他們就是最可靠的存在。

其實西方人講客套話有一套模式。是否了解這套模式，會影響你和他們之間的互動方式。這套模式為自由主義思想（liberal），起源於歐洲知識分子階層，之後以美國的常春藤聯盟（Ivy League）為中心，在名門大學之間廣為流傳。

信仰自由、重視多樣性、性別認同的自由、重視隱私、自由思想與行為、不歧視人種、注重保護自然環境等概念，深埋在他們的骨子裡。

不知道大家是否有看過《神鬼駭客：史諾登》（*Snowden*）這部電影？電影一開始，個性保守的史諾登，與思想開放的女友經常話不投機，史諾登總是露出一臉無法理解的表情，而片中史諾登女友的思維與行為模式，正好就是自由主義思想的最佳寫照。

在商場上與美國菁英分子商談時，最好也要有自由主義思想，這也表示「我們擁有相同的價值觀」。例如，當我主動說出我在美國念研究所，對方就會認為我們擁有相同價值觀，態度就會突然變得和善且熱情。

日本作家湯山玲子的著作《穿女裝的女人》，書中寫的是精明幹練、個性強勢的女性，卻為了讓自己符合他人眼中的女性形象，而穿上名為「女裝」的鎧甲，就類似這種感覺。菁英們為了維持菁英該有的樣子，所以都穿上了名為自由主義思想的鎧甲。

全世界約有兩百多個國家，膚色、人種、語言複雜多元；價值觀、思維及行為模式當然也各有不同。有人覺得金錢最重要，也有人認為金錢乃不淨之物；有崇尚民主法治的國家，也有專制獨裁的國家；有些國家可以接納LGBTQ，也有國家至今仍視為禁忌。有些國家的人民會將青蛙丟進果汁機裡榨汁喝掉；有些國家會將兔子當成食用肉品，卻也會指責中國及韓國吃狗肉非常不人道。有些國家的女性在社會上有許多亮眼表現；有些國家的女性則被禁止從事職業運動，甚至不准開車。

就這層意義而言，日本文化其實具有極高的獨特性。我絕對不是要說我們該拋棄自己的文化，我甚至想要強調，若是拋棄了自古以來的傳統價值觀，那就像失去了自己的根，很有可能會喪失自我認同。但若是上了國際戰場，則有必要為自己穿上最低限度的自由主義思想鎧甲，沒有這層武裝，你連戰場邊緣都碰不到。

海外派駐就像鏡子，讓你更認識自己

最後，若問我是否該去海外工作，我會建議可以去闖一闖，儘管現在因為新冠疫情的緣故，出國比較不容易，但我認為應該多出去看看。

我第一次到英國工作時，英國人認為日本是一個成功的國家。英國有非常多座公園，擁有閒暇時間的老年人，經常聚在公園談笑風生。他們曾經對我說：「日本經過原子彈轟炸與多次空襲，竟然花不到三十年就能重建，簡直是奇蹟之國。」一直到親耳聽見外國人對我這樣說，我才第一次真實感受到海外對日本的評價。

在新冠疫情爆發前，我也經常走訪亞洲各國，當時我已感覺物價都在上漲，與當地人聊了聊，發現亞洲其他國家的薪資水平已經與日本差異不大，也是在那個當下，讓我感受到何謂日本失落的三十年（按：指日本在一九九一年，因泡沫經濟破滅後，而導致經濟停滯的時期）。

當然，很多東西若只要知道的話，上網查都有，但「讀萬卷書，不如行萬里路」，唯有親身體驗，才能感受到真實。

每個人早上出門之前應該會照鏡子、整理儀容。出國也是同理，**國外就像一面鏡子**，我誠摯建議**可以多出國，藉此重新審視自己**。

多出國還有一個好處，可以降低對外國文化的排斥感，畢竟若是想要從事全球性工作，抗拒異國文化百害無一益。有些人或許會堅稱自己並不抗拒異國文化，但真是如此嗎？我真心盼望本書讀者都可以盡可能降低抗拒感。

壞小孩領導者的思維特徵

- 說清楚要求，然後堅持到對方認同。
- 海外派駐，可以吸收新知、審視自己。
- 商談時，讓自己擁有和對方一樣的價值觀。

第 8 章

「有時候，違法」，但不是要你真的違法

我在本書一再提到全世界都想要的壞小孩，是能打破既有規範、將一切舊時代的事物賦予嶄新定義、創造新局面的人。

壞小孩型領導者的特質有許多項，當中最為關鍵的是，必須擁有自己的一套「哲學」。

我身為資深獵頭，若是委託者要我去尋找執行長候選人，我一定使命必達。我身為人才評鑑諮詢顧問，也遇過委託者要我從公司內部，找出足以成為高階主管候補（儲備幹部）的人才，我當然也是奉命照辦。然而我更常接到的委託是，希望我為公司的儲備幹部們提供工作指導（Coaching），輔導他們成為公司的高階經營幹部。通常當我收到這類委託時，我會與那些儲備幹部人選實際見面、訪談。

無法成長，是因為你不敢拋棄過去

一個人若是覺得自己無法繼續成長，通常是因為被過去的成功經驗所束縛而不自知。有位執行長曾對我說過，公司的常務經理表現很優秀，能力也很好，公司很希望他能再更上一層樓，因此希望我為該經理進行工作指導，於是我與這位經理見面、訪談，然後我發現他被自己過去的成功經驗給困住。這類型的高階主管，已經很習慣套用自己過去的成功模式做出成果，再藉此強化整體組織。

以結果而言，這種做法確實也能成功，但問題在於，這會讓當事人及其周圍的人變得越來越無法割捨那套模式，甚至變成枷鎖。尤其是曾經獲得巨大成功、得到傑出評價的優秀人才，在這方面的問題會更加嚴重。

必須捨棄過去的成功經驗，重新確立與創造一個嶄新的自我。能否做到這一點，就是傳統型菁英與壞小孩型領導者之間的分水嶺。

這不只是指個人層面，團體也一樣。能打破常識的領導者，才是企業需要的人才，也是世界渴求的。

光輝國際曾向美國的投資家與分析師，針對「在未來，是否認為傳統、老派的領導方式將會變得不可行？」進行了一項調查，回答「是」的比例竟占了八〇%，更意外的是，同樣問題，日本也有高達八〇%的比例回答「是」。

日本擁有眾多歷史悠久的企業，日本人也喜歡充滿歷史的事物，但想要振興企業，該捨棄的東西就一定得捨棄，否則成不了大事。例如，始終小心翼翼守護創業者理念的松下電器，在二〇二一年大規模裁員，企業所背負的歷史很沉重，的確值得重視，但這也成為至今仍無法大刀闊斧改革的原因。

很多人會說：「規模越大的企業，越難改革。」但事實並非如此。蘋果的規模比松下電器大上許多，在賈伯斯過世後，儘管眾人還是非常緬懷他，但公司的思維模式及工作方式，都有了很大的轉變，而改革的結果，與多數人的預期相反，由庫克（Tim Cook）接掌的蘋果，獲得了比賈伯斯時代更大規模的成長。

賈伯斯於二〇一一年逝世，當時蘋果的市價總值為四千億美元，約足以與石油公司埃克森美孚（Exxon Mobil）匹敵。到了二〇二一年，市價總值約為兩兆六千億美元，十年間成長了六倍，這是何等驚人。

沒有處事哲學的壞，就真的是壞

身為一個領導者，最重要的事情就是判斷什麼該割捨、什麼該保留。思考眼前的事物究竟為何而存在、又會造成什麼樣的結果，這種思考方式，就是哲學。

「什麼才是我的根？」、「我究竟想要追求什麼？」想成為一個好的領導者，就必須常常問自己這種窮究本質的問題。這種深層思考不可或缺，越是激烈動盪的時代，效率、迅速判斷等固然重要，但更關鍵的是無法撼動的中心思想。

日本著名的俳聖松尾芭蕉，他曾在旅程中體悟了「不易流行」的理念。不易，指的是經過時間歲月洗禮，也不會輕易改變的本質；流行，指的是會隨著時代及環境而產生變化的規律，我認為這與我想要表達的觀念不謀而合。

在這個充滿不確定性的時代，該守護什麼？該改變什麼？該破壞什麼？又該維護什麼？特斯拉的伊隆．馬斯克破壞了歷史悠久的蒸汽車與內燃車，創造了電動車；亞馬遜的傑夫．貝佐斯打破了固有零售體制，創造了網路販售的新局面。

當然，伊隆．馬斯克不是電動車的發明者；傑夫．貝佐斯也不是第一個從事網路販售的人，但是這兩個人都展現了勇於摧毀過去的氣勢，也獲得成功。

還有其他類似例子。在二〇〇〇年初期，當時電子郵件軟體的領頭羊是ＡＯＬ（按：現為美國電信公司威訊通訊旗下威訊媒體〔Verizon Media〕的子公司），而說到網路服務供應商就是BIGLOBE，但現在後者的聲勢已經凌駕於前者。

「不易」與「流行」其實相輔相成，關注不斷變化的潮流，也能同時看清永恆不變的本質，壞小孩型領導者很擅長拿捏這方面的平衡。

為了在動盪的時代求生存，在不停更新自我的同時，也能守住自我本質，這就是所謂的「哲學」。沒有自己一套哲學的壞小孩，就只是單純的壞，但這個世界並不想要單純的壞小孩。

你為了什麼而工作？

我在撰寫本書原稿時，電視上正好播著日本自民黨黨主席選舉的四位候選人舌戰交鋒的畫面。我覺得果然還是有自己中心思想（哲學）的候選人最有魅力。

我並不重視什麼教養、派系，更不用說性別。即便思考模式與我不同，但只要對方擁有自己的中心思想，還是會令我著迷。

不只是政治人物，企業領導者們也需要有中心思想。想想GAFAM企業執行長們的臉，或是想想你身邊、讓你很敬佩的領導者的模樣。先不問你個人的喜好，這些領導者當中有哪一位缺乏中心思想嗎？絕對沒有吧。

當然，商場上偶爾會出現一些幸運兒，明明腦袋也沒特別想什麼，但就是湊巧成功了。但這類幸運兒必須趁自己紅運當頭時，趕緊培養出自己的哲學，否則早晚會被時代給擊潰。

我在這裡所說的哲學（中心思想），其實跟目的很接近。中心思想飄忽不定的話，目的也會變得搖擺不定。

壞小孩型領導者總是會對自己的目的持有很強的意識。但是，缺乏中心思想的領導者很容易就會搞混目的與手段。比如，人生最終目的就是得到幸福，為了過上幸福生活，就需要金錢，但是，當賺錢變成目的，很多人反而會因此變得不幸。所以，當你在工作時，也一定要經常提醒自己，「我是為了什麼而工作」。

至於要以什麼為目的、要用什麼手段，則看每個人的價值觀。將自己的價值觀強加諸於人確實很霸道，但我們自己都應該持續思考。「你是為了什麼而工作？」、「這家公司是為了什麼而存在？」即便你不是領導者，我也認為你應該時時刻刻問自己、提醒自己。

不只是個人，企業也會有搞混目的與手段的時候。

企業為了實現目的，有必要讓旗下事業持續成長茁壯。但若成長變成了目標，領導者開始說「我們要死守○○%成長率」這種話時，底下的員工就會開始離他而去，公司也會逐漸衰退，這就是搞錯目的與手段的結果，這種案例屢見不鮮。

領導者對於自己的目標抱持著堅定的信念，就會產生強大的自信，相信自己現在所走的路、所做的事都是正確的，因而更顯從容。部屬追隨這樣的人，反而會產生安全感及動力，會更想一起努力。反之，缺乏自信與從容的領導者，他手下的人也只會越來越不安。

就我所知，以色列的猶太人對自己的目標，有著超乎想像的強大信念，他們非常認真且擅長工作，在第二次世界大戰時經歷了大屠殺，失去了非常多同胞。因此，有許多猶太人將「打造強盛的民族」視為人生目標。他們說：「我們要奪回在二戰失去的六百萬名同胞。」

他們比別人加倍努力學習、工作、賺錢、生育。於是，以色列的人均GDP大幅超越亞洲先進國家，而且以色列的「婦女平均生產胎數」是三胎（平均每位婦女會生育三個孩子）！

壞小孩型領導者會秉持自己的中心思想，然後大力訴說著自己的目標，並清楚解釋如何運用手段，將自己心中的計畫與成員一同共享，這也是身為一個領導者的主要任務。

還有，適度下放權限，讓自己專心打造與經營一個擁有發展性的團隊，如果領導者將工作全部攬下來的話，成員們會有「反正我們不用思考，只要照著老闆的話做就好了」的想法，反而阻礙團隊成員成長，也是導致公司逐漸衰敗的致命傷。

長大後你得學會自己肯定自己

只不過並非所有人都能馬上擁有中心思想。想要培養，通常需要樂觀心態與高度自我肯定感，兩者缺一不可。

當我們還小時，父母會對我們說「你一定做得到」、「你一定可以成功」，培育我們的自我肯定感與樂觀心態。但是，當我們長大之後，就再也沒有人會對我們說這種話，我們必須透過閱讀自我啟發類書籍，或是接受工作指導等，讓自己在日常生活中也能維持、培養樂觀的情緒與自我肯定感。

或許有些人會反駁，表示在自己童年時，父母也沒說過這些話。但我想說，從現在開始也不遲，利用閱讀、接受工作指導等方式，讓自己從現在開始培養樂觀與自我肯定感，而這也是培育中心思想的土壤，以長遠的眼光來看，是不可或缺的商務技能。

壞小孩型領導者會想得到這世界所有的好東西。聽人說話也好、閱讀書籍也罷；好的知識、好的思維他們全都欣然接受，完全不會有任何抗拒或質疑，可說是相當真性情的人。

他們不是只有單純吸收好東西，還會加以消化、變成自己的東西。他們吸收了這些好養分之後，還很擅長將這些養分輸出，藉此融會貫通自己所學到的知識與經驗，最後形成自己獨特的世界觀。

只是將知識囫圇吞棗，人只會變得越來越渺小。人必須向外傳達自己的想法，才能經由回饋來重新認識、審視自己，明白自己的定位以及該改變、守護什麼。

我所說的認識自己，也包括了解自己的長處與短處。了解自己的優缺點不是一件容易的事，唯有在你秉持著自己的中心思想與這個世界互動後，才能從中發現自己的長處和短處。另外，當你擁有自己的思想，你也會察覺到自己的言論可以影響他人，這類經驗也有助於培養你的領導者精神。

我既是獵頭，也是高階主管工作指導的講師。講師的工作，就是輔導對象在吸收好的養分、融會貫通後輸出，最後還要轉化成自己的東西，透過工作指導來鼓勵他們改變意識，進一步發揮自己的領導能力。

最糟糕的回話：「我這個人沒有什麼特別的」

身在一個外商體系的獵頭公司，我深刻體會到亞洲人非常不擅長向他人介紹自己。例如，在與外國人聊天時，你會發現每個人說的內容都各具特色：「我是來自○○的○○裔美國人。」、「我信仰的宗教是○○。」、「我是同性戀。」、「我目前在矽谷創業。」、「最近的天氣變化有夠煩！你覺得呢？」這些其實都在表示你是一個什麼樣的人。

但是亞洲人除了說自己是哪國人之外，就非常少談論自己了。亞洲人很習慣的以為，「反正沒人在乎我是出生於那裡」、「自賣自誇感覺很丟臉」，而這種害羞的天性，讓亞洲人在國際社會上非常吃虧。我從事獵頭工作這麼多年，我必須說，「我這個人沒什麼好說的」這種想法，是一道致命傷。

儘管亞洲人給外界腳踏實地又認真的印象，也經常聽到有人說：「只要工作好好表現，遲早一定會得到認同。」但是，現在的我質疑這種說法的可信度。國際社會非常開放，參加派對也好、會議也好，人們只會問自己感興趣的事物；若是不感興趣則一聲也不會吭。

沒有自我意見即沒有自己的個性，也代表你這個人毫無吸引力。

壞小孩型領導者則另當別論，他們總是展現自己的個性、聊自己，以個體來面對整個世界。為此，**培養中心思想**，然後**多多談論你自己**，這也是**成為壞小孩型領導者的第一步**。

我在坂本龍一旁邊學會的事

雖然坂本龍一既不是政治家，也不是商業人士，但提到擁有獨特哲學的代表人物，我第一個想到的就是他，我和他在母校新宿高中時是同班同學。

一開始，我以為他就是一個害羞內向的人，但並非如此。

我們認識的經過是這樣的。高中剛開學沒多久，我們因為沒寫數學作業，而被叫到走廊罰站。那是我第一次向他攀談，談話內容我已經不記得了，只覺得當時心中感受到一股難以言喻的親切感，以及他散發出來的強大磁場。後來，我跟他很快就變得要好，同時也被他的才華吸引。

選修音樂課時，我會坐在他旁邊，當老師播放課題音樂時，他會避開老師的視線，在底下喃喃自語，現在回想起來，他說不定是在解說高深的音樂理論。

當時他已經開始接受一流作曲家的私人指導，如果要他即興創作一段兩小節的貝多芬風格的協奏曲，他可以完全不用鋼琴就寫下樂譜。那時候他非常陶醉於法國印象派作曲家德布西（Claude Debussy）、艾瑞克・薩提（Erik Satie）等大師的音樂，他甚至著迷到非常認真的認為自己應該是法國人，而不是日本人。

他獨特的個人美學不只展現在音樂中，藝術方面也不遑多讓。

我記得我曾經偷看過他拿在手上的書，那是夏爾・皮耶・波特萊爾（Charles Pierre Baudelaire）的《惡之華》（*Les Fleur du mal*）。對於我這種鄉下國中畢業、從小在體育環境成長，與擁有身為班級股長應有的正義感的人來說，他簡直就像是外星人。

就在我以為他說出：「頹廢乃是美的極致。」就已經差不多的時候，沒想到他又在讀書心得報告中寫下關於聖・修伯里（Antoine de Saint-Exupery）的《小王子》（*Le Petit Prince*）的絕妙書評，我光是要追上他的思考模式已經耗費全力。

儘管是始於走廊罰站的友情，我還是會故意邀他一起做壞事。

我們常常一起蹺課去學校附近被我們稱為藝術聖地的電影院，觀賞前衛派電影。當中我們特別喜歡尚盧・高達（按：Jean-Luc Godard，法國和瑞士籍導演，也是法國新浪潮電影的奠基者之一）與寺山修司（按：影響日本近代視覺美學，劇場藝術第一人）的作品。老實說，看著那些電影我只是裝得很開心，但他是真的樂在其中。

在坂本龍一以《末代皇帝》的配樂榮獲奧斯卡獎沒多久，我也曾經擔任過他的「類經紀人」。當時正是我剛從史丹佛大學畢業、決定以諮詢顧問的身分再度挑戰職場的時期。

那時的往事收錄在他的隨筆散文集《SELDOM ILLEGAL——有時候，違法》，當中我還以「從事諮詢顧問的S」的身分登場，現在回想起來真是滿滿的回憶與懷念。

不過，「有時候，違法」，這不就是壞小孩該有的表現嗎？（當然，我們不會做真正違法的事情。）

壞小孩領導者的思維特徵

- 有一套自己的處事哲學。
- 高度肯定自己，並用樂觀心態培育中心思想。
- 很樂意暢談自己的事，不管對方想不想聽。

第 9 章

最強領導者，可以壞，但要惹人愛

至此，我們已經從各個面向探討壞小孩，我想各位對此也有足夠的理解。

本書提到的壞小孩，不是指躲在體育館後面偷抽菸的國中生，也不是無照偷騎摩托車的高中生，更不是用人頭公司當成盾牌的黑社會。世人所尋求的是不在乎周圍聲音，自由走在自己想走的道路上，充滿活力並且勇於創新與引領改變的人。

你不能只是遵守規則、努力工作

有禮、認真、誠實、與周圍環境和諧共存，這些都是乖小孩的特徵，也是我們從小到大奉為圭臬的美德，想要撼動這樣的價值觀，不是一件容易之事，但是在未來，這些價值觀很有可能會變成我們的絆腳石。

我絕對不是要各位變成傲慢無禮、輕浮散漫、目中無人的那種人。不過，將來會有更重要的新價值觀，舊時代的觀念勢必逐漸式微。

認真生活、努力工作，換句話說就是嚴格守時、遵守規範、執行工作業務並解決問題。我們再仔細思考看看，嚴格守時、遵守規範、執行工作業務，這些也是

ＡＩ及機器人最擅長的項目。不管人類多優秀，也絕對不會是它們的對手，這類型的工作，將會被ＡＩ及機器人取代，這就是為什麼我們必須做它們做不到、不擅長的事情。

說得更具體一點，我們必須破壞既有價值觀、創造出全新事物、掀起新風暴，將不可能化為可能。挑戰任何人都想像不到的事情，做出無人能及的亮眼成績。為了達成目標，我們也必須選出無可或缺的重要人才，與他們攜手合作、結成同盟、擴大我們的勢力。

創造時代的壞小孩都在用的最強武器

在日本歷史上也有具備壞小孩特質的英雄人物，例如幕末志士坂本龍馬。

他相信自己擁有開創新時代的才能，隻身一人脫離了原本隸屬的土佐藩，成為無拘無束的自由浪人。他將當時的大藩「薩摩藩」與「長州藩」納入他所思量的計畫藍圖，最後建立了薩長同盟，成為不可小覷的一大勢力。

我在本書前面介紹過的三木谷浩史也是如此。他於二〇一一年離開日本最有影響力的經濟團體組織。之後為了貫徹自己的理念，成立了新經濟聯盟。

新經聯的初代理事名單除了三木谷浩史，還有CyberAgent總裁藤田晉、Future Corporation創辦人金丸恭文、GMO網路執行長熊谷正壽、LIFENET INSURANCE董事長岩瀨大輔，這幾位與坂本龍馬有一項共同點——受人愛戴，相當討喜。

坂本龍馬雖然是脫藩的自由浪人，但他與足以代表當時日本的大藩薩摩藩及長州藩的高官都有密切交情，就連敵對立場的幕府大臣勝海舟，也將坂本龍馬收為弟子，相當疼愛。

這就是我想說的最後一項特徵。他們雖然自由奔放，想說什麼就說什麼，卻很討喜，因此總是受人愛戴。

惹人愛，才是成功關鍵

企業家新浪剛史曾經擔任三菱商事及羅森（LAWSON）的社長，現在則是三得利（SUNTORY）的社長，他也是典型的壞小孩。

新浪剛史與三菱商事那老練的商務菁英形象相去甚遠，他有一張堅毅強勢的臉，但別人實在很難討厭他，因為他很討喜。

據說有這麼一段故事。新浪剛史曾擔任某個商務講座的講師，當時有位學生問他：「您覺得什麼樣資質的人可以當上社長？」他回答：「應該是討喜的人吧！別看我這樣，其實我也很可愛喔！」在場的人聽到他這麼說，都笑了出來，這正是壞小孩的本領所在。

新浪剛史的個性比較激進，喜好與人一分勝負；但他並非目中無人、血氣方剛之徒，當他知道苗頭不對時，也能立即道歉、馬上改正。

二〇二一年，新浪剛史在經濟同友會的夏季研討會上曾說出：「我認為企業應該要建立一個制度，讓員工四十五歲就退休，如此員工才不會過度倚賴公司。」我相信他這段話的本意是促進人才流動，是指「如果四十五歲就必須退休的話，員工便會從二十、三十多歲起就更認真規畫人生」，而這個觀點與我在第五章提到「自己的人生自己掌舵」不謀而合。然而，他這番言論卻被多數人理解為，企業為了利益而捨棄員工的傲慢發言，甚至在網路上引起強烈反彈與批判，但他也很快回應。

他在記者會上說道：「使用『退休』這個講法並不精準，是我失言了。我真正的意思是，四十五歲是人生中很重要的一個里程碑。人生往後的道路該怎麼走，企業及社會應該要提供更多機會與選項，讓每個人可以有更多元的思考及選擇。我絕對不是鼓吹企業裁員。」

不假思索的暢所欲言或許會讓別人覺得對方很囂張無禮，但壞小孩會很快修正自己的不當發言，他們就是如此機靈。畢竟，讓自己在眾人眼中是個值得信賴又討喜的人，才是最重要的。

我在本書序章提到，那些成功的壞小孩有以下特徵：

- 言行舉止沒有脈絡可言，經常想幹麼就幹麼。
- 腦中想到一個結果就採取行動，完全不考慮中途會遇到的問題。
- 無法有邏輯的表達自己想做的事。
- 政策隨著狀況不停變動、調整。

- 總是為周圍的人帶來驚喜（驚嚇）。
- 做事衝動。

多數人都不想在這種主管底下工作，我也非常認同。因此，對壞小孩型領導者來說，討喜很重要。一邊讓部屬露出無奈微笑說：「真拿你沒辦法啊。」一邊幫自己做事，這才是他們真正成功的關鍵。

瑞可利（RECRUIT）創辦人江副浩正也是這類型的領導者。以江副浩正為主角的評傳《創業的天才！》提到，江副浩正手下有超過五百名員工，他不只認得所有員工的長相及姓名，甚至連員工的家人都記得一清二楚。員工家裡有小孩子上小學時，他還會親自送上訂製書包當賀禮。

日本大榮公司（Daiei）創始人中內功，他以好戰的形象廣為人知。根據《創業的天才！》所述，中內功不僅會自稱是「文學青年」，甚至還會跟員工一起去唱卡啦OK，在眾人面前高唱演歌歌謠、展露歌喉。

像他們這種自我風格強烈的領導者，部屬對他們應該又愛又恨吧。他們在外確實相當容易樹敵，但這些領導者，卻也是最強的夥伴。

壞小孩領導者的思維特徵

- 討厭他的人不少，但喜歡他的人更多。
- 即使討厭他，也不自覺被他的自信吸引。
- 喜歡跟人分勝負，但犯錯時，能立刻承認並道歉。

後記
寫給總是獨自與世界對峙的你

至此，我要對所有閱讀本書的讀者獻上最深的感謝。

我曾經聽過一種說法，一本書被買回家之後，只有五〇%的機率會被從頭看到尾，我想這應該不是空穴來風，因為我也是如此。這麼一想，我就更覺得要好好感謝各位。恕我再說一次，真的非常非常感謝閱讀本書的每一位讀者。

或許有些人看完會想，你是什麼來歷啊？怎麼用字遣詞好像很自以為是？你很厲害嗎？確實，我在書寫時，有可能不自覺用了比較說教般的用詞，那是因為我在撰寫時，腦海浮現出各位的樣貌，忍不住以談話的方式寫下，結果就變成這樣。

在本書最後，請容我再介紹一下關於我這個人吧。

憧憬海外的青年時代

　我出生在日本的神奈川縣湘南地區。高中就讀東京的新宿高中，之後進入了橫濱國立大學。在大學畢業前夕，我並沒有像其他同學一樣開始求職，因為當時的我很想去國外工作，我一直在尋找去海外的方法。

　我的老家距離由比濱海岸只有幾分鐘的路程。我小時候經常眺望大海，但並不是因為我特別喜歡，只是單純好奇大海的另一端是什麼樣的風景。還記得我在上幼兒園的時候，海水浴場就時常播放美國的流行音樂，我非常喜歡。

　等我要升國中時，正好是披頭四出道的時期，他們在全世界引爆風潮，所有的年輕人都因他們陷入狂熱。之後，東京奧運登場（按：指一九六四年在東京都首次舉辦的夏季奧林匹克運動會）了，那時候我第一次感受到日本自戰後首次站上了世界舞臺，內心感動不已。

　大約在我進入青春期時，日本也開放人民可以自由出國，電視播放著世界各地生活的風情、街道的模樣，而我也跟當時大多數的日本人一樣，目不轉睛的盯著這些節目。

隨著我升上高中、大學，這個世界突然有了激烈變化。美國的青年對越南戰爭（始於一九五五年）讓他們陷入徵兵泥淖而憤怒，因此掀起了相當激烈的反戰運動，當時的搖滾音樂人們也對這種現象很有共鳴。這股反戰浪潮遍及全世界，巴黎出現了連警察都無法靠近的解放區，東京大學也被高舉反戰大旗的學生組織給占據，那一年的入學考試因此被迫取消。

歷時將近二十年的越南戰爭於一九七五年因美國戰敗而告終，那一年我也從大學畢業，而我想要了解世界的欲望並沒有就此停止。

設法去國外工作

我想方設法去國外工作，最終靠親戚的人脈，得到了在英國倫敦的石油產品貿易公司工作的機會。儘管非常慶幸可以去英國，但當時的我根本沒錢買機票。英國的公司好不容易才答應給我工作機會，自然不可能有餘力幫我這種乳臭未乾的小子負擔機票錢。於是我又到處想辦法，總算讓我找到其他去英國的方法。

我的計畫是以船員的身分搭上前往中東的油輪，先抵達科威特之後，再從科威特搭乘廉價航班前往英國。

二〇二一年NHK的大河劇《直衝青天》中，主角澀澤榮一作為幕府的一員，滿懷希望搭上前往法國的船隻，那一幕我看了簡直都要感動落淚，因為那完全就是我當時的心情寫照。

從日本川崎港出發，行經臺灣高雄到抵達科威特，需要花費將近一個月的時間。從日本出發沒多久，油輪就靠近臺灣了。那時突然有幾艘小型漁船逐漸接近，問了當地漁民才知道，原來當地流傳著「油輪的周圍會聚集特別多魚群」的說法，但當時我心中只有：「啊！再這樣下去，漁船會撞上來吧！」那種心有餘悸的感覺，我至今都還記得。

由於我搭乘的是載送石油製品的油輪，因此抵達科威特之後，油輪就要返航，而我也必須從科威特搭乘飛機前往英國。遺憾的是，我在科威特沒等到原本應該要來迎接我的英國老闆，反而是我陷入了意想不到的危機。

或許是因為當地很少見亞洲人，有個身傳長袍、頭纏絲巾的當地男子不停打量我，那個人的視線讓我背脊發涼，心中有非常不妙的預感。結果我的預感成真，我被誤以為是非法移民，然後出現一群大鬍子阿拉伯人把我押走，我就被拘留了。不管我怎麼解釋似乎都只會造成反效果，當時我真的覺得要完了。

沒想到最後有如詹姆斯・龐德（James Bond）的電影般，我那帥氣的英國老闆用一通電話，把我給救了出來。只靠我自己，根本不可能脫離那樣的險境，這段經歷讓我想起曾經統治七大洋的大英帝國，這個國家的實力及國際地位實在大大超出我的想像，也讓我深刻體會到日本與英國之間的差距。

時代已改變，不再適用舊制度

這段人生經歷讓我畢生難忘。某種程度來說，這段經歷也大大影響了我對國家的觀念及看法。當然，我絕對沒有瞧不起自己母國的意思。

日本在一九四五年宣布戰敗時，可說是全世界最貧困的國家，當時的國土到處都是瓦礫灰燼，然而日本僅僅花了數十年就重新站起來，甚至還成為世界第二大經濟體，震驚了全世界。能讓日本獲得這般成功，多虧當年發展起來的企業制度，例如統一招募畢業生、終身僱用制、年功序列制（按：以年資和職位訂定薪水）等，這是事實，我也認同。

戰前的日本並沒有這些制度。那時求職不分應屆或中途轉職，薪資落差也非常巨大，突然解僱更是家常便飯。然而戰後的日本靠著這些制度，創造了令世界驚訝的成功，導致日本人很難放棄這些舊時代的制度，這我也能理解。但是，時代已經大大的改變了。過去的成功經驗有多甜美，現在的日本就有多痛苦，因為過度執著於過去的成功，所以我們更需要培養出能撼動時代的壞小孩，要捨棄成功經驗確實很難，但唯有拋開，才能真正脫胎換骨。這也是我想透過本書傳達的真正主旨。

去享受變化的樂趣

我深信「人才（或可說人力資源）主導社會的組成與運作」，這也是為何我會選擇進入人力資源產業，並且從事獵頭工作超過三十年。

我真的很希望能培育優秀的人才。不分年齡、性別、思想、性格、政治、信仰甚至膚色，最重要的是，必須時刻思考，反思自己是個什麼樣的人？反思自己的成長歷程。

雖然我在本書中並沒有特別具體提及專業技能的部分，但全世界都想要的壞小孩，並不是擁有小聰明的那種投機分子，而是身為一個人的存在意義。懷抱自信，靈巧的生活，秉持著信念，享受變化帶來的樂趣。最重要的是，讓心態變得更自由奔放，全世界都想要的壞小孩，其實都是非常堅強的個體。

最後的最後，我要向製作本書的所有相關人士，致上誠摯的感謝之意。

將我落落長的原稿重新編輯、支持我到最後一刻的桑原哲也；從撰寫本書開始就一直給我許多建議的鬼塚忠；擔任美編設計、裝訂、銷售等相關業務的人士們；光輝國際的同事夥伴們；還有從年輕時代就包容我的任性、陪著我吃苦、一路走來始終支持著我、最重要也最深愛的妻子——香。真的非常感謝大家。

請讓我獻上最真心的感謝，給閱讀本書的各位，感謝你的閱讀。

專欄——壞小孩的二十七項特徵

1. 比起穩中求勝，更樂於挑戰變化。
2. 不過於謹慎，懂得先下手為強。
3. 知道怎麼做才能守住公司。
4. 他利用小成功讓團隊動起來。
5. 大家喜歡討論完再做，他是先試了再說。
6. 缺乏速度就會失去商機。
7. 知道風險越高，報酬越多。
8. 嘗試別人不敢做的，著重在自己的成長。
9. 不嘲笑敢冒險的人，更樂意領導不去闖的人。
10. 表面浮躁，內心對工作充滿熱情。

11. 盡情喝酒、全力工作。
12. 身旁有個頭腦冷靜的人追隨。
13. 走自己要的路，不走他人鋪好的。
14. 主動換工作，維持競爭力。
15. 願意向外部學習，培養多樣能力。
16. 不在乎職稱、頭銜。
17. 想要激勵人心，必須動口也動手。
18. 願意接受反對意見。
19. 說清楚要求，然後堅持到對方認同。
20. 海外派駐，可以吸收新知、審視自己。
21. 商談時，讓自己擁有和對方一樣的價值觀。
22. 有一套自己的處事哲學。
23. 高度肯定自己，並用樂觀心態培育中心思想。

24. 很樂意暢談自己的事，不管對方想不想聽。
25. 討厭他的人不少，但喜歡他的人更多。
26. 即使討厭他，也不自覺被他的自信吸引。
27. 喜歡跟人分勝負，但犯錯時，能立刻承認並道歉。

卷末附錄

●《鋼鐵人馬斯克》，艾胥黎・范思（Ashlee Vance）著，天下文化。

●《這樣做生意才賺錢》，池田信太朗著，巨思文化。

●《賈伯斯傳》，華特・艾薩克森（Walter Isaacson）著，天下文化。

●《蠟筆小新》第一至五十集，臼井儀人著，東立。

●《創業的天才！江副浩正——創造了八兆日圓的企業 RECRUIT 的男人》，大西康之著，東洋經濟新報社。

●《我們的心中都有毒——你能丟掉「常識的枷鎖」嗎？》，岡本太郎著，青春出版社。

●《豐田章男》，片山修著，東洋經濟新報社。

●《我不模仿任何人》，前刀禎明著，ASCOM 出版。

●《開始創業吧——再會了，上班族生涯》，佐佐木紀彥著，文藝春秋。

- 《創造與漫想》，傑夫・貝佐斯（Jeff Bezos）著，天下雜誌。
- 《驚險人生》，新庄剛志著，MAGAZINE HOUSE 出版。
- 《孫正義傳》，杉本貴司著，日本經濟新聞。
- 《破天荒不死鳥》，田中修治著，時報。
- 《facebook 臉書效應》，大衛・柯克派崔克（David Kirkpatrick）著，天下雜誌。
- 《工作二・〇——做自己想做的事》，中田敦彥著，PHP研究所。
- 《不改變就無法生存》，西野亮廣著，春天。
- 《伊隆馬斯克的下一個目標》，濱田和幸著，祥傳社。
- 《從0到1》彼得・提爾（Peter Thiel）、布雷克・馬斯特（Blake Masters）著，天下雜誌。
- 《跑出全世界的人》，菲爾・奈特（Philip Knight）著，商業週刊。
- 《在溜谷上班的董事長告白》，藤田晉著，幻冬舍。
- 《貝佐斯傳》，布萊德・史東（Brad Stone）著，天下文化。

- 《多動力就是你的富能力》，堀江貴文著，方智。
- 《成功的原則》，三木谷浩史著，幻冬舍。
- 《除了死，都只是擦傷》，箕輪厚介著，方智。
- 《雲霄飛車為何會倒退嚕？創意、行動、決斷力，日本環球影城谷底重生之路》，森岡毅著，麥浩斯。
- 《一勝九敗》，柳井正著，新潮社。
- 《提姆·庫克》，利安德·凱尼（Leander Kahney）著，寶鼎。
- 《維珍顛覆學》，理查·布蘭森（Richard Branson）著，天下雜誌。
- 《永不放棄》，雷·克洛克（Ray Kroc）、羅伯特·安德森（Robert Anderson）著，經濟新潮社。
- 《麻煩製造者》（*Troublemakers*），萊斯里·柏林（Leslie Berlin）著，Simon & Schuster。

Style 71

好公司都在找壞小孩

全球最大人力資源公司領導者輪廓調查。
居要職、領高薪，好個性是標配，更要具備「壞小孩」特質。

作　　者／妹尾輝男
譯　　者／黃怡菁
責任編輯／林盈廷
校對編輯／黃凱琪
美術編輯／林彥君
副 主 編／馬祥芬
副總編輯／顏惠君
總 編 輯／吳依瑋
發 行 人／徐仲秋
會計助理／李秀娟
會　　計／許鳳雪
版權主任／劉宗德
版權經理／郝麗珍
行銷企劃／徐千晴
行銷業務／李秀蕙
業務專員／馬絮盈、留婉茹
業務經理／林裕安
總 經 理／陳絜吾

國家圖書館出版品預行編目（CIP）資料

好公司都在找壞小孩：全球最大人力資源公司領導者輪廓調查。居要職、領高薪，好個性是標配，更要具備「壞小孩」特質。／妹尾輝男著；黃怡菁譯. -- 初版. -- 臺北市：大是文化有限公司，2023.04
208 面；14.8×21 公分. --（Style；71）
ISBN 978-626-7251-42-3（平裝）

1. CST：職場成功法

494.35　　112000914

出 版 者／大是文化有限公司
臺北市 100 衡陽路 7 號 8 樓
編輯部電話：（02）23757911
購書相關資訊請洽：（02）23757911 分機122
24小時讀者服務傳真：（02）23756999
讀者服務E-mail：dscsms28@gmail.com
郵政劃撥帳號：19983366　戶名：大是文化有限公司

法律顧問／永然聯合法律事務所
香港發行／豐達出版發行有限公司 Rich Publishing & Distribution Ltd
地址：香港柴灣永泰道 70 號柴灣工業城第 2 期 1805 室
Unit 1805, Ph. 2, Chai Wan Ind City, 70 Wing Tai Rd, Chai Wan, Hong Kong
電話：21726513　傳真：21724355
E-mail：cary@subseasy.com.hk

封面設計／陳皜
內頁排版／顏麟驊
印　　刷／鴻霖印刷傳媒股份有限公司

出版日期／2023 年 4 月初版
定　　價／新臺幣 360 元（缺頁或裝訂錯誤的書，請寄回更換）
I S B N／978-626-7251-42-3
電子書ISBN／9786267251461（PDF）
9786267251478（EPUB）